権利の貧困

朝鮮民主主義人民共和国の人権と食糧危機

アムネスティ・インターナショナル [著]　アムネスティ・インターナショナル日本 [訳]　鐸木昌之（尚美学園大学教授）[解説]

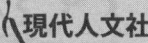
現代人文社

目次 Contents

① はじめに …… 5
  1 情報収集と情報源に関して …… 7
  2 政治的状況 …… 8

② 朝鮮民主主義人民共和国の権利尊重、擁護、履行に関する国際的責任 …… 9
  1 食糧の権利：その定義と締約国の義務 …… 10

③ 背景
：飢餓と食糧危機の環境的、経済的、政治的要因 …… 17
  1 朝鮮民主主義人民共和国の経済システム内の制約 …… 18
  2 旧ソ連との経済関係の崩壊 …… 19
  3 自然災害 …… 19

# 飢きんの広がりと続く食糧危機 …… 23
1 定義 …… 24
2 飢きんの広がり …… 25
3 続く食糧危機 …… 27
4 経済構造改革と農業、飢きん以後 …… 28

# 飢きんや食糧危機を助長する人権侵害 …… 31
1 食糧を得ることに関する差別や不平等 …… 32
2 移動の自由の制限 …… 34
3 援助機関に対する不当な制約 …… 37
4 表現及び結社の自由の抑圧 …… 41

⑥ 食糧の権利を超えて
：飢きん及び食糧危機の結果、増加する人権侵害 …… 47
1　飢きん及び食糧危機にともない増加する人権侵害 …… 48
2　食糧を得る権利と生命に対する権利 …… 48
3　公開処刑を含む処刑 …… 50
4　飢きん及び食糧危機が子どもに及ぼす影響 …… 53
5　飢きん及び食糧危機が女性に及ぼす影響 …… 56
6　飢きん及び食糧危機から逃れた結果
　　：中国における朝鮮民主主義人民共和国の人びと …… 59
7　強制送還された朝鮮民主主義人民共和国の人びとに対する
　　拷問及び虐待 …… 63
8　食糧不足と、拘禁施設及び刑務所の悲惨な状態 …… 66
9　援助継続の問題 …… 70

⑦ 結論 …… 77
朝鮮民主主義人民共和国政府に対する勧告 …… 79
国際社会に対する勧告 …… 81
政府間機構及び非政府援助機関への勧告 …… 83

解説 ── 鐸木昌之・尚美学園大学教授 …… 85

1

はじめに

「今日世界で続いている飢餓は、避けられないものでも許容しうるものでもどちらでもない。飢餓は運命の問題ではない；それは、人災である。飢餓は、活動をしてこなかったことの、あるいは食糧の権利を侵す否定的な活動の結果である。今こそ行動すべきである」[1]。

世界で最も孤立した国の一つである朝鮮民主主義人民共和国の人びとは、10年以上もの間、飢きん及び深刻な食糧不足に苦しんできた。何十万という人びとが死に、さらに何百万人という人びとが長期にわたる栄養失調に苦しんできた。同国政府は長年にわたり問題の存在を否定し、災害の実際の規模を隠すために住民に対して更なる統制を強いたため、飢きん及び相次ぐ食糧危機の影響を悪化させた。同国は、住民に食糧を提供するために食糧援助に頼り続けているが、住民が食糧を探しに出かけられるような移動の自由が与えられないでいる限り、政府の方針はいまだにこれらの援助の迅速かつ公平な配給の妨げとなっている。

人権は普遍的、相互依存的で、不可分である。飢餓と差別から自由である権利は、人の生命と安全の権利と同様に基本的なものである。食糧の権利の侵害はほかの人権侵害を引き起こしうる。国連の経済的、社会的及び文化的権利に関する委員会（以下、社会権規約委員会）が述べたように、確かに「充分な食糧に関する人権は、すべての権利を享受するためにきわめて重要なもの」[2]である。同国では、飢きん及び進行する食糧危機のあいだ、諸権利の相互依存性やこうした権利の侵害の連鎖作用が明らかにされてきた。食糧の権利を主張して必死にそれを探した人びとは、食糧の権利のみならず他の権利までも侵害されることがあった。たとえば食糧を探すために国中を移

動したり、中国国境を渡ったり、見つけたものを食べたりしたことによって、朝鮮民主主義人民共和国当局によって逮捕・拘留されたり、場合によっては拷問されたり処刑さえ行われたと伝えられた。

　本報告書では、アムネスティ・インターナショナルは飢きん及び食糧危機における朝鮮民主主義人民共和国の人権侵害に焦点をあてる。本報告書では、食糧に関する権利の侵害、飢きんと食糧危機に関連するその他の人権侵害及び、同国当局と国際社会の役割と義務について詳述する。さらに本報告書では、履行された場合同国の人権状況に即時的あるいは長期的改善をもたらし、同国住民の苦痛を緩和しうるような、詳しい勧告を提示する。

1　情報収集と情報源に関して

　アムネスティとその他の独立した人権監視団体は、朝鮮民主主義人民共和国に直接的に接する機会を持たない。アムネスティはまた、同国人が食糧を探して逃げてきている中国国境地帯への直接のアクセスがない。朝鮮民主主義人民共和国における表現・集会・情報・移動の自由に対する抑圧により、人権状況の現地調査は非常に困難である。詳しい情報の収集、またそうした情報の実証は非常に難しい。

　本報告書は以下による広範な調査と引用に依拠している；同国人の証言、政府間機構や非政府組織（NGO）、同国の人権状況に通じているあるいは関わりのある研究者や専門家の報告書やインタビュー。

　証言をした同国人の身元が明らかにならないようにするため、ア

ムネスティは本報告書では彼らの本名やその他身元を確認できる事項を掲載しなかった。

2 政治的状況

　同国は何十年もの間、自ら進んで孤立してきた。名目上は共産主義国であるが、独自の主体(チュチェ)思想の影響も受けてきた。その指導者である金正日(キムジョンイル)は同国の創始者である金日成(キムイルソン)の息子である。金日成は同国の制度と高度に抑圧的な政府の形態を作り上げた人物であり、これらの下では表現・結社・移動の自由が認められたことがなかった。政治的批判は許されず、朝鮮労働党の立場に反対する意見を表現した者は厳しい処罰を受けることもある。国内には非政府組織や活動中の市民団体がない。同国は特に核計画のため、そして国際機関とのやり取りがないため、国際的には疑惑の目で見られている。同国政府が樹立した外交関係の数はこの5年間で増加しつつあるが、同国における国際社会の諸活動は、援助の供給と配給の分野でさえ、厳しく制限されたままである。このため、現在でも大量に必要であるにもかかわらず、同国に供給が約束された食糧援助の総量が減少することになった。

* 1　E/CN.4/2003/54. p.51, paragraph 58, Report of the Special Rapporteur on the right to food.

* 2　HRI/GEN/1/Rev.4, p.57, paragraph 1, General Comment no. 12.

2

朝鮮民主主義人民共和国の権利尊重、擁護、履行に関する国際的責任

朝鮮民主主義人民共和国は、1981年12月からは「経済的、社会的及び文化的権利に関する国際規約」(以下、社会権規約)及び「市民的及び政治的権利に関する国際規約」(以下、自由権規約)、2001年3月からは「女性に対するあらゆる形態の差別の撤廃に関する条約」(女性差別撤廃条約)、1990年10月からは「子どもの権利条約」の締約国となっている。これらの国際人権条約の締約国として、同国政府は条約で保障された権利を尊重し、擁護し、履行する義務を負っている[*3]。

　経済的、社会的及び文化的権利は同国憲法では保障されておらず、また国内法の構成に含まれているわけでもない。国際的基準を支える法的システムを含む、同国の国家機構へのアクセスは、上記の条約で述べられた人権全般を擁護し、履行するために最も基本的なものである。「不服申し立て及び請願に関する法律」の下での個人的な不服申し立て制度については、ほとんど知られていない。同国政府は同法を個人の人権を実現し維持する手段であると主張している。2003年11月に社会権規約委員会は、「裁判の公正性と独立性を深刻に脅かすような、そして社会権規約で保障されたすべての人権の擁護に不利な影響を及ぼすような、憲法及び憲法上の立法規定」[*4]に対して懸念を表明した。

1　食糧の権利
：その定義と締約国の義務

　食糧の権利は、数々の国際的または地域的基準や国際人道法と同様に、世界人権宣言や社会権規約第11条に記されている。社会権規約締約国は、食糧の権利を尊重し、擁護し、履行する義務がある。148カ国に批准されている社会権規約は、さまざまな条約の中でも

最も包括的に食糧の権利を取り扱っている。社会権規約の締約国が食糧の権利に対して有する義務については、同規約第 11 条第 1 項で以下のように述べている；

> この規約の締約国は、自己及びその家族のための相当な食糧、衣類及び住居を内容とする相当な生活水準についての並びに生活条件の不断の改善についてのすべての者の権利を認める。締約国は、この権利の実現を確保するために適当な措置をとり、このためには、自由な合意に基づく国際協力が極めて重要であることを認める。

各国は 1996 年 11 月に開かれた第 1 回世界食糧サミットで国連人権高等弁務官に対し、社会権規約第 11 条にある食糧の権利のよりよい定義を要求した。食糧の権利の定義とその履行を明確にするために、1997 年から 2001 年の間に 3 回にわたり協議が行われた。協議の参加者の中には、国連の専門機関、条約機関、政府、非政府組織や国連人権委員会の食糧の権利に関する特別報告者が含まれていた。2002 年 6 月の第 2 回世界食糧サミットでの報告で、国連人権高等弁務官は「締約国の主要な義務は、食糧の権利を尊重・擁護し、これらの目的のために適当な条件を保障することにより権利の享有を履行・促進することである」[5] と明らかにした。

社会権規約委員会はさらに、一般的意見第 12 号で、社会権規約第 11 条に対する締約国の義務について明らかにした[6]。国連人権委員会は、食糧の権利に関する 2000 年 10 月の決議の中で同意見を歓迎しており、また食糧の権利に関する特別報告者は「現在のところ最も信頼できる食糧の権利の解釈」と同意見を支持している。特別報告者は、食糧の権利に関して国連食糧農業機関の賛助のもとで作成される新しい任意のガイドラインは、同意見に基づくべきであると考えている[7]。

一般的意見第 12 号第 6 では、十分な食糧を得る権利について、よ

り広範な定義を試みている。

「十分な食糧を得る権利は、すべての男性、女性、子どもが、一人または共同体において、十分な食糧またはその獲得手段に、物理的かつ経済的に常に接近できる場合に実現される。したがって、十分な食糧を得る権利は、最低限のカロリーやタンパク質やその他特定の栄養素のセットと同一視されるような、狭義または制限的な意味に解釈されるべきではない。十分な食糧を得る権利は、漸次実現されなければならないだろう。しかし、締約国は、第11条第2項で定められたように、自然災害またはその他の災害時であっても、飢餓を軽減し緩和させるために必要な行動を取る重要な義務を有する」。

第14では、締約国の核心的な義務を以下のように述べている：

「その法域内にいるすべての人びとの飢餓からの自由を確実にするために、十分で栄養的に適切かつ安全な、最低限かつ必須な食糧への接近を確実にすること」。

第15では、締約国の別の種類の義務を定義している：

「十分な食糧を得る権利は、他のすべての人権と同様に、締約国に3種類または3レベルの義務を課す：尊重する義務、擁護する義務、履行する義務である。また、履行の義務は促進の義務と供給の義務の双方を含んでいるのである」[*8]。

これらの定義に基づくと、朝鮮民主主義人民共和国政府は社会権規約による義務を履行してこなかったことになる。社会権規約第11条第2項は、「すべての者が飢餓から免れる基本的な権利」を締約国が保障するためには、実効性のある行動が取られる必要があること

を認めている。

また、社会権規約の締約国として、同国は食糧事情を改善するために国際協力を求める権利を有することは、特記する必要がある。社会権規約第11条第2項は、以下のように述べている：

この規約の締約国は、すべての者が飢餓から免れる基本的な権利を有することを認め、個々に及び国際協力を通じて、次の目的のため、具体的な計画その他の必要な措置をとる。
　(a)　技術的及び科学的知識を十分に利用することにより、栄養に関する原則についての知識を普及させることにより並びに天然資源の最も効果的な開発及び利用を達成するように農地制度を発展させ又は改革することにより、食糧の生産、保存及び分配の方法を改善すること。
　(b)　食糧の輸入国及び輸出国の双方の問題に考慮を払い、需要との関連において世界の食糧の供給の衡平な分配を確保すること。

一般的意見第12号第36は、締約国の国際的義務について以下のように強調している：

「国連憲章第56条、社会権規約第11条、第2条第1項、同条第3項や世界食糧サミット・ローマ宣言に含まれる特定の規定の精神に基づき、締約国は国際協力の基本的な役割を認め、十分な食糧を得る権利の完全な実現を成し遂げるために、共同の及び各自の行動を行うという公約を果たさなければならない。この公約を履行するにあたり、締約国は、他の国の食糧の権利の享有を尊重し、その権利を擁護し、食糧への接近を促進し、要請があった場合は必要な援助を供給するための措置を取るべきである」。

第37はさらに締約国の国際的義務を、以下のように強調するこ

とで明らかにした：

「締約国はいかなる時も、食糧の輸出入禁止令や、他国における食糧生産状況や食糧への接近を危うくするような類の手段を慎むべきである。食糧は決して政治的または経済的圧力の道具として使われてはならない」[*9]。

子どもの権利条約第27条第1項は、身体的、心理的、精神的、道徳的及び社会的発達のための十分な生活水準に対するすべての子どもの権利を認めている。第27条第3項では、必要な場合、「とくに栄養、衣服及び住居に関して物的援助を行い、かつ援助計画を立てる」ことを締約国に義務づけている。さらに第24条第2項cは、栄養価のある食事及び飲料水の供給を含め、締約国が疾病及び栄養不良と闘うことを要請している。

女性差別撤廃条約は女性に対する差別を禁止しているが、それには雇用の分野（第11条）、保健の分野（第12条）、他の経済的及び社会的活動の分野（第13条）が含まれる。また、「締約国は農村の女子に対する差別を撤廃するためのすべての適当な措置をとる」ことを明記している（第14条）。

自由権規約第6条は、生命に対する固有の権利を保障している。第6条に対する最初の一般的意見で、自由権規約委員会はこの権利について幅広く捉えることを強調している。締約国は、「乳幼児の死亡率を減らして平均余命を延ばすための、特に栄養不良や流行病の撲滅のための手段を受け入れるという点で」[*10]積極的な方策を講ずることが要請されている。

*3　朝鮮民主主義人民共和国はまた、「女性に対する暴力撤廃宣言」(1993年12月の国連総会決議48/104）などの他の関連国際基準を認めること

も求められている。

* 4　自由権規約委員会は 2001 年 7 月に、報告審査の最終所見で、同様の懸念を表明している。CCPR/CO/PRK, paragraph 8.
* 5　Mary Robinson, "The Right to Food: Achievements and Challenges", Report submitted to the World Food Summit: Five Years Later, Rome, Italy, 8-10 June 2002.
* 6　UN Document E/C.12/1999/S（12 May 1999）.
* 7　E/CN.4/2003/54, paragraph 23, 10 January 2003.
* 8　他にも、研究者である Henry Shue は締約国の義務について次のように定式化している；1）ある人の唯一可能な生活手段を除去しない義務——剥奪を回避する義務。2）他人に唯一可能な生活手段を奪われることから人びとを守る義務——剥奪から保護する義務。3）自分自身で生活手段を供給できない人びとにそれを提供する義務——剥奪された人びとを援助する義務。Angela Wong, *"The right to food"*, in "Article 2"（Asian Legal Resource Centre(ALRC)）, v.2, n.2, April 2003, p13-14 から引用。
* 9　この提案は国連人権委員会により、食糧の権利に関する 2000 年 10 月の決議でさらに追認された。
*10　HRI/GEN/1/Rev.4, p.85, paragraph 2.

3

背景
飢餓と食糧危機の環境的、経済的、政治的要因

朝鮮民主主義人民共和国における食糧不足は以下を含む様々な原因に起因する。

・同国の経済システム内の制約。
・1991年のソ連崩壊に伴い、朝鮮民主主義人民共和国が依存していた重要な経済関係が崩壊したこと、また中国が大韓民国と国交を正常化したことにより、中国との貿易が減少したこと。
・自然災害。

1 朝鮮民主主義人民共和国の経済システム内の制約

朝鮮民主主義人民共和国内の食糧不足は、部分的には自然環境による制約、そして構造的欠陥によるものである[11]。耕作適地が限られていること、土壌の肥沃度が比較的低いこと、そして天候条件が厳しいことにより、国民に食糧を安定して供給するための国内の農業部門の能力は限られている。同国農業はまた、農業に不向きな土地の開墾と、エネルギーを大量に消費する耕作方法により作り上げられてきた。電力は灌漑と排水のための水力ポンプの稼動に広範囲に利用されている[12]。トラクターや化学肥料、特に石油系尿素と硫酸アンモニウムは大量に利用されている[13]。

旧ソ連及び中国からの石油、肥料、そして科学技術やその他の重要産業への投入物の輸入減少の影響は、1995年と1996年の洪水、1996年の干ばつ、1997年の津波で受けた国内の石炭と水力電力へのダメージにより、さらに悪化した。これはエネルギー危機を招き、2001年までには「あらゆる形態の近代的エネルギー供給が1990年の50パーセント以下に低下し、経済のすべての分野、そして特に

交通・産業・農業に影響を及ぼした」[*14]。

1995年から肥料生産は年間10万トン以下まで低下し、現在は1990年以前のレベルの12パーセントに満たない。農業は2000年まで、土壌への肥料投下が通常レベルの20から30パーセントで運営された。こうした不足は土壌生産力低下と食糧不足の最大の原因だと言われている[*15]。

肥料、石油や電力の不足は、土壌生産力、水力ポンプ、植え付け、収穫、穀物の加工や配給に非常に深刻な影響を与えた。さらに、燃料不足のために代用品としての木や作物の利用が増加し、地方の生態系が深刻な圧迫を受けている[*16]。

2 旧ソ連との経済関係の崩壊

飢きんの根本的原因は、1990年代に旧ソ連や中国との貿易が著しく減少したことにあるが、この減少は朝鮮民主主義人民共和国に多く援助されていた食糧、原油、設備などの供給の中断を意味した。同国の火力発電所、炭鉱、水力発電所などのエネルギーのインフラは、主にソ連からの技術的・財政的援助によって1950年代から1980年代のあいだに建設され、輸入石油と輸入石炭に依存してきた。1993年までにはロシアの同国への輸出は1987年から1990年の10パーセント以下になっていた[*17]。

3 自然災害

1990年代中頃の洪水や2000年と2001年の干ばつのような自然

災害は、朝鮮民主主義人民共和国の工業化された農業システムが破壊される一因となった。

　1995年6月から8月の豪雨は、破壊的な洪水となった。同国政府の見積もりでは、540万人が移転し、33万ヘクタールの農地が破壊され、190万トンの穀物が損害を受けた。さらにひどい洪水が1996年にあり、これに続きここ数十年で最悪の干ばつが起こった。2000年と2001年にも干ばつがあったが、これは史上最悪の春の干ばつと言われ、冬から春にかけての小麦、大麦、ジャガイモなどの収穫に影響した。またこれは土壌の水分の急速な喪失、貯水池の枯渇、灌漑装置の障害をもたらした[18]。

　国連食糧農業機関／国連世界食糧計画（FAO／WFP）の推定によると、2002年と2003年の収穫はよくはなったが、まだそれぞれ147万トン、108万4,000トンの穀物不足があったという[19]。国内の農業生産では最小限の食糧需要を満たすことは期待できず、同国は「商業的に穀物を輸入することは制約されているため、外国からの相当な援助に依存する」[20]ことが予想された。

　　　*11　朝鮮民主主義人民共和国当局は国民に対し、飢きんは自然災害と外国による制裁によって起こったと伝えた。
　　　*12　Meredith Woo-Cumings, *The Political Ecology of Famine: The North Korean Catastrophe and Its Lessons*, Asian Development Bank Institute Research Paper 31, January 2002, p.24.　1990年の1人当たりのエネルギー消費量は同年の中国の2倍以上か、大韓民国と同じくらいであると推計されている。
　　　*13　1990年には朝鮮民主主義人民共和国の農地1ヘクタールあたりの肥料の使用量は、世界でも最も高い部類に入った。Heather Smith and Yiping Huang, "Achieving Food Security in North Korea", Paper prepared for Ladau Network/Centro di Cultura Scientifica A. Volta (LNCV) conference, *Korean Peninsula: Enhancing Stability and International Dialogue*, Rome, 19 November 2001, www.mi.infn.it/~landnet/corea/

proc/039.pdf

*14　Woo-Cumings, *ibid*, p.24.

*15　J.Williams, D.von Hippel and P. Hayes (2000), "Fuel and Famine: Rural Energy Crisis in the Democratic People's Republic of Korea," Institute on Global Conflict and Cooperation Poilcy Paper No.46, March 2000, pp.9-10, http://www.igcc.ucsd.edu/publications/policy

*16　J.Williams, D.von Hippel and P. Hays (2000)、前出 p.3 を参照。

*17　Nicholas Eberstadt, Marc Rubin and Albina Tretyakova, "The Collapse of Soviet and Russian Trade with the DPRK, 1989-1993: Impact and Implications," *The Korean Journal of National Unification*, 1995: 4, p.97. またこの論文で著者は、ロシア国家統計委員会が出した「mirror statistics」を利用して計算したところ、ソ連は貿易を通じて、朝鮮民主主義人民共和国に対して、1980 年から 1990 年にかけて、合計 4 億ドルにのぼる援助を行っているという。一方で、朝鮮民主主義人民共和国はソ連に対して、1985 年から 1990 年にかけて、40 億ドルの貿易赤字を負っている。

*18　FAO/WFP Mission Report, July 2001.

*19　2002 年 10 月に朝鮮民主主義人民共和国を訪問した国連食糧農業機関・国連世界食糧計画合同の穀物及び食糧供給査定調査団による予測。

*20　WFP, "Emergency Operation DPR Korea NO.10141.1: Emergency Assistance For Vulnerable Groups," p.1.

4

飢きんの広がりと続く食糧危機

1　定義

　国連世界食糧計画（WFP）は「飢きん」と「食糧危機」の広義の定義を以下のようにしている。

　飢きんとは、多くの人びとの栄養のレベル及び健康や生計を危機にさらし、深刻な栄養失調の大量発生及び大勢の人びとの餓死を起こすほどまでの、国内に広がる深刻な食糧不足の発生をさす。
　食糧危機とは、国内に広がる深刻な食糧不足の発生をさすが、餓死はまれであり、深刻な栄養失調の発生は飢きんの状態よりは少なく、しかし長期にわたる栄養失調の著しい状態及び、その国が食糧の自給がまだ不可能で国際援助に著しく依存している状態をさす。

　WFPによると、朝鮮民主主義人民共和国はWFPと接触をはじめた1995年から1998年まで飢きんの状態にあったという。しかし僻地である北東地域はそれより早く、少なくとも1994年末から飢きんの状態だったという。WFPは1998年から同国の食糧不足の状態を食糧危機としている。
　配給システムは、同国では非常に大規模なものであり、それを通じて政府からの配給が職業別に1人あたりの1日のグラム数により支給される。このシステムは自給自足の共同農場労働者を対象にしたことがない。国産農業生産物や輸入品、援助物資を含む国家の食糧供給へのアクセスは社会的地位によって決められ、政府や与党の官僚、軍の主要部隊や都市住民（特に首都・平壌の住民）が優先される[21]。飢きん以前には配給システムによって60パーセント以上の国民に対し1日当たり700グラムが供給されていたといわれる。しかし

飢きんにより国内の食糧供給が崩れ、1997年までには国民の6パーセントに対してのみ配給システムによって供給できるにすぎなくなったという[22]。農産物の生産量がのびたことに加え、食糧援助もあったことから、配給システムによる1日当たりの割当量は次の年から2003年9月までには319グラムまで増加した[23]。2000年はじめから配給システムの割当量は1世帯が必要な穀物の3分の1ほどを供給していると見られ、残りは、道（県にあたる地方行政単位）から道への直接輸送、共同農場や共同工場間での手配、農民市場などに依っているようである。

2 飢きんの広がり

　深刻な食糧不足の兆候が対外的に明らかになったのは、同国政府が「1日2食」キャンペーンをはじめた1991年だった。1992年には配給システムによる割当量が10パーセント削減され、その後特に北東地域への配給が不規則になった。配給システムによる配給は、1994年の夏の間に2、3の祝日を除いて全国的に止まったといわれる[24]。
　食糧不足が配給システムの機能に影響しはじめた1994年の間、同国政府は北東部にある咸鏡北道（ハムギョン）、咸鏡南道、両江道（リャンガン）への食糧の輸送を中止したといわれる。山間地でかつ伝統的に食糧が欠乏しがちなこれらの地域は配給システムへの依存度が高く、西部の穀倉地帯を飢きんが襲う2年前の1994年に、これらの地域で飢きんがはじまった[25]。すでに貧弱だった国内の農業生産は1995年と1996年の深刻な洪水の後失敗し（**表1**参照）、これに深刻な干ばつが続いたが、これは配給システムへの食糧供給が急速に減少する原因となった。1997年までには配給システムは国民の6パーセントにしか供給でき

表 1：1990 年代の穀物の年間生産高

年度	生産高（トン）
1990 年	9,100,000
1994 年	7,083,000
1995 年	3,499,000
1996 年	2,502,000
1997 年	2,685,000
1998 年	3,202,000
1999 年	4,281,000
2000 年	3,262,000

出典：社会権規約委員会への朝鮮民主主義人民共和国政府第 2 回定期報告（2002年）22頁、表 7。

なかったといわれる[*26]。

1997 年 8 月、ユニセフは、食糧不足の影響で苦しむ子どもたちの数がここ数カ月で急速に増大し、約 8 万人の子どもが深刻な栄養失調で飢餓か病気に倒れる危険性が高い、との懸念を表明した。ユニセフ及び他の国連機関はまた、約 38 パーセントの、あるいは 80 万人の 5 歳以下の子どもたちが危険度はこれより低いが深刻な栄養不良に苦しんでいる、と推計した。もっともひどく苦しんでいるのは「親を亡くしたり親から引き離されている子たちである。いくつかの孤児院にいる子どもたちの半分近くは、深刻な栄養失調である」[*27]。

1998 年の「不毛の季節」（4月～8月）や 1999 年 3 月から 6 月まで、配給システムは食糧を全く供給できなかったといわれる（**表 2** 参照）。1998 年 1 月には、今後は配給システムに頼らず、個々の家族が責任をもって自給する旨が公式に伝えられた。1998 年 3 月から 9 月まで、生き残るために、人びとは非常に栄養価の低い木の根やキャベツ、とうもろこしの茎、雑草などを食糧の代わりに食べた。草をよく挽いて穀物や酵素と混ぜ、麺やパンを作って食べることもあった。WFP／FAO は、これらの代替食糧が、実際は子どもの下痢のように、現在の健康問題をさらに悪化させるかもしれない、と懸念している[*28]。

アクセス経路がなく情報収集に壁があるため、同国に関する信頼できる数値を得ることは難しい。1990 年代の広範な飢きんによる推定死亡者数は、22 万人から 350 万人まで開きがある。ある情報は、飢きんにより国民の 12 から 15 パーセントが死亡したと主張する[*29]。エコノミストであるマーカス・ノーランドは最近、飢餓直前の 2,200 万人（総人口の 2.7 から 4.5 パーセントにあたる）の国民のうち、飢きんによ

表2：配給システムにより国内資源で供給可能な穀物量（1日あたりグラム数）

期間	1日あたりのグラム数	「不毛の季節」1日あたりのグラム数
1996年	200	
1996年（11月）−1997年（10月）	353	（7月−9月）128
1997年（11月−12月）	300	
1998年（1月） 1998年（2月） 1998年（3月）	300 200 100	（4月−8月）主要穀物の配給なし
1998年（11月）−1999年（9月） 1999年（10月） 1999年（11月）−2000年（1月）	350 320 300	（3月−6月）非常に少量の供給 （4月）供給なし
2000年（2月） 2000年（11月）	250 250	（3月−4月）200 （5月−6月）150
2000年（11月）−2001年（6月）	215	
2001年（11月）−2002年（10月）	270	
2003年（9月）	319	

出典：FAO/WFP DPRK Crop and Food Suply Assessment Mission Reports, OCHA, DPRK Humanitarian Situation Bulletins より作成。

り60万から100万人が死亡した、と推定した[*30]。しかし、「生産力の曲線の低下が飢きんによるものだと見なした場合、社会的ダメージははるかに大きくなる」[*31]。

3 続く食糧危機

　世界食糧計画は、1998年からの同国の状況は「食糧危機」であり、同国は食糧援助への依存度を減らすにはまだ程遠い、とみなした。世界食糧計画によると、650万人の同国人（人口の3分の1）——ほとんどは女性と子ども——は2004年まで食糧援助を必要とするだろうという。同国の子ども10人につき4人以上が深刻な栄養失調に苦しんでいる。女性は特に飢きんと食糧危機の影響を強く受けてき

た。2002年の同国の栄養調査では、生き残った母親の3分の1が栄養失調と貧血だった[32]。

2003年秋の収穫の緩やかな増加により、世界食糧計画は2003年11月から2004年10月までの全体的な穀物の不足量は94万4,000トンであると推定し、48万4,000トンの食糧援助（穀物で40万トン）を求める声明を発表した[33]。

4 経済構造改革と農業、飢きん以後

同国人に対して十分な食糧を供給するための配給システムの失敗は、1990年代後半にはその数が300ほどになった、農民や消費者による闇市場の出現でわかる。これらの闇市場は地方や都市の人びとに70から80パーセントの食糧やその他の日常品を供給している[34]。2003年6月には、同国政府は公式にこれらの農民市場を認めたが、伝えられるところによると、問題の恒常的な解決方法というよりは、一時的な緊急措置とみなされている。「国家配給システムから非公式市場への国有生産品の横流し、国営企業における資産の略奪や他の形の盗難、余剰生産物を農民が国ではなく市場に販売すること」[35]、などが増加しているらしい。これらの市場での価格は国家ではなく市場によって決まる。2003年の米とトウモロコシの価格は、配給システムの3から3.5倍、2002年の市場価格の約2倍だといわれ、すでに低い購買力の急速な衰えを示している[36]。このような高価格は、多くの貧しい国民、特に都市部にいる人びとは、基本的な配給食糧と食糧以外の必需品を購入すると、もう充分な食糧をほとんど買えない、ということを意味する[37]。

2002年7月1日には、労働者収入の平均20倍増と、手厚い家賃補助の廃止を目指した経済改革が発表された。米を含む主要食糧

のいくつかに対する国家支援を終わらせたため、改革は事実上価格を約400パーセント上昇させた。さらに政府は価格高騰をやわらげるために給与の増加を7月に約束したが、実現されなかった。月額2,500ウォンの支給を受けるべき鉱山労働者が800ウォンしか受け取れなかったという報告や、彼らの賃金は2002年10月にストップしたという報告もある。2002年7月の改革ではそれぞれ個別のやり方で給与を支払うことになっていた多くの工場が閉鎖したと言われ、何千人もの同国人が食糧を買う手段を断たれた[38]。このことに関しては2003年10月のFAO／WFPの報告書でも言及されており、報告書では、多くの工場や地方では規定の給与の50パーセントから80パーセントしか受け取れないという政府官吏や優遇家族のコメントを引用していた。この報告では、より多くの配給システムに頼る人びとが影響を受けやすくなっていると結論付けた。特に家庭では、妊婦や乳児を抱えた女性、幼児などの特別な食事のための食品を買う現金が不足している[39]。

[21] アジア・ウォッチ及びミネソタ弁護士会国際人権委員会の "Human Rights in the Democratic People's Republic of Korea", December 1988, p.43 によると、割り当て量は分類によってさまざまだといわれる。最も低い等級は監獄にいる人びとで、80年代には1日の穀物が200グラム以下だといわれた。
[22] UNICEF press release, August 1997.
[23] しかし、世界食糧計画の基準によると、これはまだ1人あたりの1日のカロリー必要量の半分以下しか供給していないという。
[24] Jasper Becker, *Hungry Ghosts*, 1998; Korea Buddhist Sharing Movement, "Survey of North Korean Refugees," 1997.
[25] Andrew Natsios, A. Natsios, "The Politics of Famine in North Korea," US Institute of Peace, Special Report 51, August 1999, pp.5-11.
[26] Andrew Natsios, *ibid*.

*27　Andrew Natsios, *ibid*.

*28　"North Korean still needs food aid, despite improved harvests", FAO Press Release, 25 November 1998 and "Special Report: FAO/WFP Crop and Food Supply Assessment Mission to the DPR Korea", November 1998.

*29　E/CN.4/2001/53, p.23, paragraph 78.

*30　ジョンズ・ホプキンズ大学の研究によると、1995年から1997年の死亡率は8倍に増えた。1993年の国勢調査の0.55パーセントから、1995年から97年の年平均4.3パーセントまでである。W.C.Robinson, Lee Myung-ken, K.Hill and G.Burnham, "Rising Mortality in North Korean Households Reported by Migrants to China", *Lancet*, July 1999. 朝鮮民主主義人民共和国政府の公式数値は、平均余命は6年間で1993年の73.2歳から1999年の66.8歳に下がったことを示しているが、これは食糧と医薬品の不足によるものと考えられる。

*31　E/CN.4/2001/53, p.23, paragraph 78.

*32　出典: Malnourishment of North Korean women, p.32 and anemic condition of North Korean women, p.34 of the Report on the DPRK Nutrition Assessment, UNICEF/WFP/Central Burau of Statistics (DPRK).

*33　FAO/WFP, Special Report of the Crop and Food Supply Assessment Mission, October 2003, p.1.

*34　Woo-Cumings, p.30.

*35　Babson quoted by Woo-Cumings, p.31.

*36　FAO/WFP Special Report October 2003, p.21.

*37　2003年10月のFAO/WFPの特別報告書では、1戸に1人の所得者と2人の子どもがいる場合、月収2,000ウォンの65パーセントを配給システムの穀物配給を買うために使うため、消費者（闇）市場で補充用の穀物や栄養価のある食糧を買う充分な現金は残らない、と計算している。

*38　Transition Times, 2003, quoting Oxford Analytica and news agencies.

*39　FAO/WFP Special Report October 2003, p.21.

5

飢きんや食糧危機を助長する人権侵害

1 食糧を得ることに関する差別や不平等

　食糧不足による影響は、朝鮮民主主義人民共和国の人びとの間では不平等である。首都・平壌（ピョンヤン）を除く都市住民の方が農村部の住民よりも影響を受けやすく、配給システムに頼っているといわれている。2002年から2003年には、都市部の平均的な家庭が収入の75から85パーセントを配給システムや農民市場での購入を含む食糧に費やした。逆に国営農民は収入の3分の1しか食糧に費やしていない。同国には老人など社会で影響を受けやすい層を保護するソーシャル・セーフティネットのメカニズムがないように思われるため、このような差異が憂慮されている[40]。

　咸鏡南北道や江原（カンウォン）道といった北東部などの僻地は、山岳地形で農地が不足していることからすでに食糧不足に苦しんでいたが、最も配給システムに頼っており、飢きんの影響が最もひどかった。しかし食糧不足が深刻になった1994年には、当局はまさにこれらの地域の配給システムによる食糧供給を止めたといわれ、同時に住民の購買力も地域産業の崩壊により10分の1に減った[41]。

　多くの同国人がその階級や社会的地位を理由に犠牲を払わされている。1998年に改正された憲法第65条では、市民の権利は平等だと認められている。しかし政府は、教育機会、仕事、居住許可、配給システムを通じて配布される物品をもらう権利などの優先順位をつけるのに「3つの階層──『核心』『動揺』『敵対』」[42]をいまだに使用している[43]。解説者たちは、「階層区分の政策は、同国にいまだに残存する不平等の制度化をもたらし、経済的・社会的権利の享受に影響を与えている」[44]と主張している。アムネスティが収集した証言は、こうした分析と一致する：

> 　金(キム)によると、「私の兄弟、姉妹と私は大学にいけませんでした。私たちの家族背景のため、高校より先の勉強はできませんでした。私の祖父、父（日本で勉強した）と叔父（南で勉強した）は政治囚として拘禁され、行方不明になりました。今でも私は彼らがどこにいるのか、彼らに何があったのかわかりません。でも彼らの『政治的犯罪』のせいで私や私の家族は社会の下層なのです。私の父の詳細は家族証明書類に記録されています。低い社会階層を与えられたため、私は政府官僚や軍士官と結婚できません。私の社会階層は旅行する自由もありません。社会階層が低く、教育もなく、移動の自由がないということは、配給システムが食糧を配給できない場合、私たちは中国に食糧を探しにいくしか選択の余地がないということなのです」[*45]。

　国民の４分の１がまだ「敵対階層」に属しており、この「敵対階層」は政府反対者とみなされた人びとや家族の中に投獄されたことがある人びとで構成されている。またここにはいわゆる「不純分子」も含まれ、朝鮮戦争直後の1953年から1960年の間に咸鏡北道のような山岳地帯に移住させられたと言われる、大韓民国から越北した捕虜などもいる。こうした下層グループはその制度化された地位や、定住地の強要、移動の制限すべてによって、食糧を得るのを妨げられている。

　女性もやはり、こうあるべしとされる社会的役割のため苦しんでいる。朝鮮民主主義人民共和国では女性は「掃除、料理、身体を動かす雑用など、高度にジェンダーとして特徴づけられた家庭内の役割を果たすことを求められている。これらのジェンダーとして特徴づけられた役割は女性固有のものではないし、必ずしも性的に搾取的ではないが、彼女たちは法的保護もなく、救済を求める手立ても持たない」[*46]。女性は一般的に家族のために食糧を探す責任を負い、

食糧難の時には家庭内で食べ物にありつけるのは最後であることがしばしばである。多くが食糧や薬、日用品を探して地方をさまよわなければならなかった。このような目的で中国の国境を越えた人びとの大半は、女性だった。

朝鮮民主主義人民共和国に関する 2003 年の最終所見で社会権規約委員会は以下のような懸念を表明した：

> 「伝統的な態度の根強さ、はびこる慣習……女性に関して言えば、これらは彼女らの経済的、社会的、文化的権利の享受のマイナス要因となっている。委員会は、女性に対する差別撤廃のための国内法の欠如と、現存する不平等の根強さを懸念する……」[*47]。

差別的な政策を続け、凝り固まった不平等に対する法を制定し行動を起こすことに失敗したため、同国政府は国際法、特に自由権規約第 2 条第 1 項と社会権規約第 2 条第 2 項上の義務を履行していない[*48]。

2　移動の自由の制限

同国の飢きんと食糧危機はほとんど表に出なかったが、これは同国人や国際人道機関のスタッフに対する移動の制限、表現・情報・結社の自由に対するほとんど完全に近い抑圧などを含む、政治的統制に起因している。最悪のケースを公表することに対する同国の過敏さもまた影響している。移動のしにくい地形、政府の旅行に対する厳しい統制、交通インフラの不足、石油不足、洪水などのすべてが、食糧を探しに行くための人びと、特に飢餓により弱っている人びとの国内移動を制限している。その結果が、援助に従事する人びとが

言うところの「静かな飢きん」[*49]である。

　同国政府は就業地と居住地を強制的に指定する政策を行っている。一般市民は同国内を許可なしに自由に旅行することは許されていない。同国市民に対する移動の自由の制限は、自由権規約委員会に2000年5月に提出された自由権規約に基づく同国の第2回報告で同国政府によっても明らかにされている。そこでは、以下のように述べられている。

　「旅行規則により、市民は公的または私的な業務上の目的で国内を自由に旅行することができる。同規則第4条により、軍事境界線の周辺地域、軍事基地、軍事産業地域及び国家安全保障に関連する区域での旅行は制限されている。同規則第6条により、旅行を望む市民は旅行証明書の発行を受ける」[*50]。

　同国の一般市民は地方行政体の役所に旅行証明書を申請しなければならない。旅行によって必要な許可が異なる。例えば、特別行政地区への旅行は特別な証明書を必要とする。中国国境や大韓民国国境への旅行はさらに多くの承認が必要な格別な許可を必要とする。地方行政体は国境にある都市の事務所に書類を提出し、事務所は番号を発行する。申請の手続きは通常15日を要する。許可される旅行理由は、めったに許可されないものとしては親戚訪問、より許可されやすいものとしては親戚の結婚式や葬式などがある。葬式に出席するためには、死亡に関する書類が提出されなければならない。

　2000年末に同国を出た呉によると、「賄賂を役人に払うと、中国国境地域や貿易特区をのぞく、平壌や他の地域に旅行することができます。私は母の治療のためのお金を受け取るために、父が働いていたところと私の家族が住んでいるところをしょっちゅう旅行しなければなりませんでしたが、それは簡単なことではあり

> ませんでした。母は癌を患っていました。法律上では私は旅行の許可が必要でした。でも旅行許可を得るのはたやすくありませんでした。だから私は旅行許可を得ませんでしたし、許可なしに旅行するときは、検問を避けてトイレや階段に隠れるか、彼らに賄賂を渡しました」[51]。

> 　金は、許可なしの旅行の不便さを強調した：「一般の人びとは旅行が自由にできません。証明書が必要ですし、これを持っていないと罰金を科せられるか、バスや汽車を降りるように言われることになります。警察の検問は、バス用の検問所で行われました」[52]。

　この許可制度のため、「ほとんどの人びとは自分の村で一生のほとんどを過ごすようになる……自分の出身村にいないと食糧の割当を受け取れない（からだ）。しかし公的な配給システムが崩壊したため、人びとが食糧をもはや国家に頼れない以上、これらの法律による国民の移動に対する抑制力ははるかに減った」[53]。

　制度を強化するために、1997年9月27日に金正日委員長が211の郡[54]の全地方行政官に「927キャンプ」として知られる施設を作るよう命令を出したといわれる。そのキャンプは、食糧を不法に探し回る人びとを含め、旅行許可なしに自分の出身村または出身都市の外で捕まった人びとを強制収容するためのものだと言われる。

　いくつかの地域では、法規を無視し拘禁の危険をおかすことが、生き残るためには重要になってきているといわれている。1999年3月に同国の咸鏡北道から中国に逃亡した、与党である朝鮮労働党党員は、「忠実な党員は動かずに死んでいくのに、（食糧を）探し回るために国内の旅行制限を侵す人びとは生き残った」[55]と述べている。

　移動の自由の制限は家族崩壊を増進させるため、飢きんと食糧危機の影響をさらにひどくしていることがわかった。1990年代後半に

は、親が死ぬか食糧を捜して家を出たため、何百人もの子どもが自活するよう道端にとり残された。これらの子どもたちは、「コッチェビ（花ツバメ）」として知られている。

3 　援助機関に対する不当な制約

　社会権規約委員会による一般的意見第12号第15は、十分な食糧へのアクセスを提供するという国家の義務について、詳しく述べている：

　「締約国は、十分な食糧への既存のアクセスを尊重する義務を果たすため、そのようなアクセスを妨げる結果につながるいかなる措置も取ってはならない。……履行（促進）する義務とはすなわち、人びとの資源へのアクセスやその活用、及び、食糧の保障を含む、人びとの生活を保障する手段を強化することを意図した活動に、締約国が積極的に従事しなければならないことを意味する。最後に、個人または団体が、その力の及ばない理由で、自らの手で十分な食糧を得る権利を享受できない場合は、常に国家がその権利を直接的に満たす（提供する）義務を負う。この義務はまた、自然災害その他の災害の被害者である人びとにも適用される」。

　同委員会はまた、「重大な数の人びとが、不可欠な食糧品を奪われている状態にある締約国は、社会権規約の下での自らの義務の履行を怠っていることは明らかである」とみなす。同委員会は、当該国における資源的制約を考慮に入れる必要性は認めるが、「締約国が、少なくともその最低限の核心的義務を果たせない理由を、利用可能な資源の不足のせいだと主張するためには、優先順位の問題として、

そういった最低限の義務を果たすための努力の過程で、国の管理下にあるすべての資源を利用すべくあらゆる努力を払ったということを示さなければならない」[56]との立場を堅持している。さらに、社会権規約起草者の考えでは、国家の最大限利用可能な資源とは「国内に存在する資源と、国際社会から国際協力及び援助を通じて提供される資源の両方を指す」[57]と、同委員会は繰り返し述べている。

朝鮮民主主義人民共和国政府は、1995年6月に至るまで、国際社会からのいかなる援助も求めなかったといわれている。

社会権規約委員会は 一般的意見第12号第38において国家及び国際機関の責任に言及しつつ、以下の点を強調している。「国家は、国際連合憲章に従い、緊急時における災害救援や人道支援の提供に協力する、共同かつ個別の責任を負う」。さらに、「食糧援助は最も弱い人びとに対し優先的に与えられるべきである」。このことは第39で改めて強調されている。「そのような援助については、対象となる受益者の需要に基づき行われるべきである」。

独立した監視員、食糧提供者、政府間機構及び非政府組織のアクセスが引き続き制限されているため、需要を査定しこれらの義務を果たすための努力が妨害されている。このことは継続的な食糧不足の大きな要因となっていると思われる。同国の人口の約13パーセントが暮らす、広大な土地のおよそ20パーセントに国際人道機関の立ち入りが許されていない。2003年、同国政府が「非政府組織の派遣者がいつどこへ移動し、どのような種類の活動に従事し、だれと接触し協力してよいかといった点について、完全な制限を設けていた。同国の役人が、疾病の追跡調査、栄養調査、市場調査、価格調査といった最も一般的なモニター方法を妨害したため、非政府組織からの派遣者はすぐに不満を抱いた」[58]として、非政府組織が批判した。

国境なき医師団（MSF）[59]、オックスファム（Oxfam）[60]、ACF（Action Contra La Faim）、ケア（CARE）[61]、PVOC（the U.S. Private Voluntary Organization Consortium）、世界の医療団（MDM）などの人道支援非政府組

織は、不十分なアクセス、またその結果として援助物資の最終的な使途に関する説明責任が果たせないことを指摘し、同国より撤退した。MSF は、アクセスが制限されたために、「原則に基づいた、効果的な」方法で援助を配給するのは不可能であったと述べた。同じく MSF は、同国に対する援助政策を見直すこと、十分な説明責任を要求すること、援助機関が公正に需要を査定し人びとに直接アクセスできるよう保障することを、支援各国政府に対し要請した。複数の情報源によれば、国際援助は、朝鮮民主主義人民共和国当局によって、経済的に活発かつ国家に対し忠誠的である人びとに対し配布されており、一方で、最も弱者である集団が無視されている場合があるという。

　カリタス・インターナショナル[62]、ジャーマン・アグロ・エイド(German Agro Aid) など、その他の非政府組織は同国での人道支援活動に引き続き従事している。これらの非政府組織は、アクセス及び監視活動に改善が見られると判断し、支援継続は正当であると述べている。同国にとどまった非政府組織の大半は、ゆっくりとした断続的な改善を経験している。アクセスに関する懸念はあるものの、国連世界食糧計画(WFP)、国連食糧農業機関(FAO)、ユニセフはすべて、同国における業務継続を選択した。

　同国で活動する最大の人道援助組織である世界食糧計画によって供給される食糧の大部分は、配給システムを通じて分配される。カリタスが提供する、妊婦及び授乳期の女性を対象とした食糧もまた、配給システムを通じて配給されている。同国の官吏が食糧援助は配給システムを通じて配給されなければならないと強く主張することに対して、「国際社会から提供された資源の分配をコントロールする手段となるからであり、これは、同国体制に現存する制度的、地域的、社会的偏向を強化するだけである」[63]と指摘し批判する人びとも存在する。

　分配の際の配給システムの利用については意見の分かれるところ

であるが、配給システムが広く浸透しているシステムであることは疑いなく、同国で活動を続ける非政府組織及び人道支援機関は、時間がたつにつれ、なんとか受け入れ可能なレベルの監視を達成できたと判断しているように思われる。世界食糧計画は、食糧支援がその対象とする機関、特に学校や小児病院といった社会における弱い層を援助する機関に届けられていると、一定の確信を持って述べている[64]。

援助配給の監視については、問題が多い。訪問をおこなうためには同国政府から事前に許可を取ることが必要である。世界食糧計画がアムネスティに提供した情報によると、

「訪問予定はおよそ1週間前に政府に通知されます。訪問当日は、外国人担当官、朝鮮人担当官、及び運転手からなる世界食糧計画の監視チームが地方に移動し、その地方における洪水被害対策委員会の担当者と会います……ですから、対象となる地方については事前にわかっているのですが、実際の視察場所は、訪問当日、世界食糧計画側と地方の役人が合同で決定します。世界食糧計画のスタッフは、随行の同国政府当局者に通訳を頼っています。私たちはまだ、同国での業務のために、朝鮮語を話す職員を雇うことができていません」[65]。

世界食糧計画は、監視活動に対する制限は支援者の信頼を損なう恐れがあり、同計画の今後の資金集めにとって深刻なリスクを伴うとして、懸念を表明した。世界食糧計画は依然として以下のような懸念を抱いている。

・「世界食糧計画は、立ち入りが許されていない地方に居住する人びとの食糧事情に関し、一切情報を持たない。そのため、援助を受けられないまま取り残されている、非常に弱い立場の人びとがいるのではないかと懸念される。

・繰り返し要請したにもかかわらず、朝鮮民主主義人民共和国政

府は世界食糧計画の援助を受給するすべての機関に関する包括的なリストをいまだ提供していない。

・世界食糧計画の職員は、聞き取り調査の対象者を自由に選ぶことを許可されていない。

・世界食糧計画は最近、平壌のある市場への立ち入りを認められたが、大部分の商店もしくは国営店への立ち入りは許されていない。こういった場所への立ち入りは、家庭における食糧経済の分析のための完全な情報を得るのに欠かせないものである」[66]。

4　表現及び結社の自由の抑圧

朝鮮民主主義人民共和国の人びとは、表現・結社・情報の自由に関する権利のほぼ完全な抑圧に苦しんでいる。同国には出版・報道の自由は存在しない。公営ラジオ及びテレビの放送における報道内容は厳しく検閲される。ノーベル賞を受賞したインドの経済学者アマルティア・センによれば、「検閲を受けず活発におこなわれるニュース報道は、飢きんを防ぐのに貢献する」[67]。

朝鮮民主主義人民共和国内の報道機関が、同国の飢きんや連続して発生する食糧危機の詳細について報じるのはまれである。証言によれば、ラジオもしくはテレビを所有する同国の人びとは、大韓民国または中国のラジオ放送を聞いたり、「不法な」外国のテレビ番組を見たりしないよう、しばしば監視される。外国人ジャーナリストは、依然として同国内におけるアクセスを厳しく制限される。朝鮮民主主義人民共和国を訪れたある外国人ジャーナリストは、訪問中ずっと「公認の案内人」に付き添われ、同国の一般市民に直接インタビューすることは許されなかった、とアムネスティに語った。ジャーナリストは独自の朝鮮人通訳を伴うことを妨げられ、公認の通訳だけが

同行を許可される。政府の行動を監視したり、飢きんや続発する食糧危機によって最も被害をこうむる社会的弱者の立場を代弁したりする、独立した非政府組織は存在しない。

　これらすべての要因のため、同国の市民にとって信用できる情報が不足している。特に、飢きん及び食糧危機に関係する、信頼に足る情報が不足している。同国市民は、口伝えによる情報、もしくは「人民班」として知られている隣組からの情報に依存する以外、ほとんど選択肢を持たない。信頼できる情報の不足は、飢きん及び食糧危機による死者の推定数が入り乱れる大きな原因の一つとなっている。このため、危機に際して時機にかなった適切な対処をおこなうことが妨げられる。この点は、資源の遅滞や使途に関する誤りが生死にかかわりかねない不安定な状況において、特に重要である。情報の不足は、支援疲れを増大させる要因であり、そのため、現在の食糧危機が終息しない原因となっている。

> 　ラジオ、テレビ、その他のメディアへのアクセスは厳しく管理されている。李(リ)は次のように証言した。「朝鮮中央テレビ、教育文化テレビ、万寿台(マンスデ)テレビという3つのチャンネルがありました。テレビとラジオを所有するには当局への届け出が必要でした。当局は、正しいチャンネルに合わせているかどうか、確認にやって来ました。監視人はラジオやテレビを持っている人たちを常時監視していました。また、外国放送を聞いていないかどうか、目を光らせていました。中国に程近い私の町の人びとは旅行者からニュースを聞いたものですが、国境付近に暮らしている人びと以外は、外の世界についてまったく何も知りませんでした。テレビもラジオも新聞も、公開処刑のことや、外の世界のことについて、報道しませんでした」[68]。
>
> 　ユの証言によれば、情報へのアクセスは平壌でも厳しく規制さ

れていたという。「ラジオを所有したければ、社会安全部に届け出なければなりませんでした。ラジオはあらかじめ朝鮮民主主義人民共和国の局に合わせてありました。私の父はラジオを持っていたのですが、時折大韓民国や中国の放送を傍受していたとして、当局に通報されてしまいました。そして、当局に呼び出され、警察から事情聴取を受けました。メディアに対するコントロールは本当に厳しくて、世界でいったい何が起きているのか知るすべなどありませんでした。私は、ソウルの道端は物乞いであふれていると思いこんでいました」[*69]。

チョウも同様に、朝鮮民主主義人民共和国の一般市民が得られる情報に制約がある状況について語った。彼女は次のように述べた。「私の家にはテレビがありましたが、見ることができたのは朝鮮民主主義人民共和国の番組だけです。外国からのニュースはまったく聞くことがありませんでした。党の高級官僚だけが新聞を読むことができました。私たちの情報源といえば、人民班の週に一度の集まりの際、外の世界のニュースや情報を得たことくらいです」[*70]。

2001年7月、国連自由権規約委員会は、以下のような懸念を表明した。「出版法のさまざまな条項とその頻繁な発動は、自由権規約第19条の精神に合致しない。……『国家の安全に対する脅威』という概念は、表現の自由を制限するような方法で用いられかねない。……外国メディアの支局で朝鮮民主主義人民共和国に常駐できるのは3カ国のジャーナリストに限定されており、外国の新聞や出版物については国民全体が利用できる体制が整っていない」。さらに同委員会は、同国政府に対し、「特定の出版物の発行禁止措置に至った理由を明らかにすべきである。また、一般国民が外国の新聞を利用するのを制限する措置は取るべきでない」との勧告をおこなった。同

委員会はさらに、同国政府に対し、「朝鮮民主主義人民共和国のジャーナリストの海外渡航に対する制限を緩和すること。自由権規約第19条に反して表現の自由を抑圧するような、『国家の安全に対する脅威』という概念のいかなる利用も慎むこと」を要請した[71]。

*40 2002年7月の経済改革は主婦、老人、生産力の低い産業に従事する人びとなど、いわゆる「非生産的な」都市住民に好意的でなかった。これらのグループは、かつてのクーポン制のもとで自分たちが享受していた無料の恩恵がなくなるのを、また自分たちの収入や生活水準と、より「生産的な」隣人たちのそれとの格差が広まるのを見てきた。

*41 A. Natsios, *ibid*. pp.5-11. 他の地域に比べ、北部や北東部の農民市場ではいまだに食料が入手しにくいと考えられている。

*42 1970年7月までは3階層51分類に分けられていた朝鮮民主主義人民共和国の階層についてのよりくわしい説明については、FIDH, *Misery and Terror: Systematic Violations of Economic, Social and Cultural Rights in North Korea*, FIDH Report No. 374/2, November 2003, p.5. を参照。

*43 "North Korea: The Humanitarian Situation and Refugees," MSF Tesimony delivered by Sophie Delaunay, Regional Coordinator for North Korea, MSF, to the House Committee on International Relations Subcommittee on East Asia and Pacific in Washington, D.C., May 2, 2002.

*44 FIDH, *Misery and Terror*, 2003, p.5.

*45 金による2002年12月7日の証言。

*46 Hazel Smith, "North Koreans in China: Defining the problems and offering some solutions" Unpublished Paper, December 2002, p.14.

*47 E/C.12/1/Add.95, 28 November 2003, para 13.

*48 社会権規約第2条第2項では、締約国は「この規約に規定する権利が人種、皮膚の色、性、言語、宗教、政治的意見その他の意見、国民的若しくは社会的出身、財産、出生又は他の地位によるいかなる差別もなしに行使されることを保障することを約束する」としている。

*49 L. Gordon Flake, "The Experience of U.S. NGOs in North Korea," in Snyder and Flake, *Paved with Good Intentions: The NGO Experience in North Korea*,"（2003）, p.21.

*50　Second Periodic Report of the Democratic People's Republic of Korea on its implementation of the International Covenant on Civil and Political Rights, CCPR/C/PRK/2000/2, 4 May 2000.

*51　呉による 2002 年 12 月 8 日の証言。

*52　金による 2002 年 12 月 7 日の証言。

*53　Andrew Natsios, "The Politics of Famine in North Korea", US Institute of Peace, Special Report 51, August 1999.

*54　2001 年から 2002 年の行政改革により、朝鮮民主主義人民共和国は現在 206 郡に分かれている。

*55　Shim Jae Hoon, "North Korea: A Crack in The Wall", *Far Eastern Economic Review*, 29 April 1999.

*56　ICESCR General Comment 3（Fifth session, 1990）: The Nature of States Parties Obligations, E/1991/23（1990）83, paragraph 10.

*57　*Ibid.*, paragraph 13.

*58　L. Gordon Flake in Snyder and Flake（2003）, p.37.

*59　1998 年 9 月 30 日に、国境なき医師団は朝鮮民主主義人民共和国からの撤退を公式に発表したが、それは同国当局が MSF の人道活動を制限したからだった。MSF の事務総長エリック・グマートは、同国当局は医師らの住人への接近を妨害し、彼らが提供した薬や医療用品の配布過程を観察する許可を与えなかった、と語った（「内外通信」113 号〔ソウル、1998 年 10 月 15 日〕を参照）。

*60　オックスファムは、朝鮮民主主義人民共和国当局の干渉を理由に 1999 年 12 月に 5 つのチームを撤退した。

*61　ケアは 2000 年 6 月に朝鮮民主主義人民共和国から引き上げたが、同国での運営環境——アクセス、透明性、責任といった部分で——が、同団体が効果的な復興プログラムを実行する段階には達していない、と述べた（CARE 2000）。

*62　カリタスの 1995 年から 2001 年 3 月までの朝鮮民主主義人民共和国支援は、運営費用を除いて総額 2,710 万ドルだった。

*63　Scott Snyder and L. Gordon Flake, p.40.

*64　世界食糧計画は、その主たる事務所を平壌郊外に置き、支所が新義

州、元山、咸興、清津と恵山の5ヶ所にある。世界食糧計画には国籍が様々な約50人のスタッフがおり、ほとんどが食糧援助のプログラミングと監視に従事している。同計画は朝鮮民主主義人民共和国で働く国際機関の中で最も広い地域をカバーしている。同計画は、「同国の総人口と言われている2,260万人の87パーセント」にあたる106郡（206郡のうち）にアクセスした（Emergency Operaton DPR Korea No. 10141.1, p.9）。

*65　Electronic communication from Ahmareen Karim, WFP DPR Korea Reports and Information Officer on 31 July 2003.
*66　FAO/WFP Special Report, October 2003, p.23-24.
*67　Larry Kilman, "Free Press...a nation's health indicator," *The Hindu*, 3 May 2003.
*68　李による2002年12月8日の証言。
*69　ユによる2002年12月7日の証言。
*70　チョウによる2002年12月8日の証言。
*71　"Concluding Observations of the Human Rights Committee: Democratic People's Republic of Korea," CCPR/CO/72/PR, 27/08/2001.

6

食糧の権利を超えて
飢きん及び食糧危機の結果、増加する人権侵害

1 飢きん及び食糧危機にともない増加する人権侵害

　拷問、公開処刑、及び政治的理由による死刑の報告を含む、朝鮮民主主義人民共和国政府による組織的な人権侵害に関し、アムネスティは長年にわたり懸念を抱いてきた。最低限の国際基準をも満たさない収容状態で、強制労働が日常的に行われている政治囚収容所が広範に組織されている、と長年にわたり伝えられてきた。思想・良心・信教の自由、言論及び表現の自由、平和的な集会及び結社の自由や、情報を得る権利は引き続き制限されており、同時に移動の自由も厳しく制限されている。女性や子どもを含む、より広範な層の国民が、飢きん及び食糧危機の結果、人権侵害をこうむっているとアムネスティは考える。特に、国内移動、越境移動にかかわらず、食糧を求めて移動しようとする人びとが増加するにつれ、人権侵害を受ける確率も高くなった。この人びとは以前なら、このような人権侵害に遭わずにすんだ可能性がある。

2 食糧を得る権利と生命に対する権利

　生命に対する権利は、自由権規約第6条「すべての人間は、生命に対する固有の権利を有する。この権利は、法律によって保護される。何人も恣意的にその生命を奪われない」により保障されている。国家には、生命に対する権利を擁護する責任があり、この権利は他のすべての権利を享受するための基礎である。生命に対する権利は、

紛争時または社会の非常事態においてさえも侵害されてはならない。生命に対する権利を擁護するということには、栄養失調や病気などの生命に対する脅威に対し、適切な行動をとることも含まれる。

食糧不足による死者数についてはさまざまな推定があるが、同国が人道上の大惨事に見舞われているという認識においては一致している。食糧の権利に関する国連特別報告者は、同国を「極度の飢きんに襲われている国ぐに」のひとつとして挙げた[72]。

「朝鮮民主主義人民共和国内の弱者は、深刻な経済難、止むことのない食糧不安といった困難が累積し、日々苦しみ続けている。特に被害を受けやすいのは、48万人にのぼる妊婦または授乳期の母親であり、220万人の5歳未満の子どもたちであり、家庭内の食糧不安に対処できない200万人の老人である。2,227万の人口のうち相当な割合の人びとが、健康的な生活のために必要な量及び質を満たす食糧を十分に得ることができないために、さまざまな面で被害を受け、苦しんでいる。不可欠な医療、水道、衛生施設の質が悪いことが、この状況にさらに拍車をかけている」[73]。

すべての同国の人びとに対し、適切な食糧を得る手段を保障することによってのみ、同国政府は食糧の権利を尊重し擁護し履行する自らの義務を果たすことが可能であり、また生命に対する権利をよりよく遵守することもできるのである。

アムネスティはまた、飢きんの結果として、生命に対する権利を他の形で侵害する事例も増加傾向にあることに懸念を抱いている。

3 公開処刑を含む処刑

　食糧を求めて農作物や家畜を盗むなどの、飢きんに関連した罪のために、公開処刑が行われているという報告がある。また、食糧を求めて国境を越えた同国の人びとが、中国から送還され処刑されているという報告もなされている。死刑は究極の、残虐で非人道的かつ品位を傷つける刑罰であり、アムネスティはあらゆる場合において死刑に反対する。朝鮮民主主義人民共和国は自由権規約の締約国であるから、同国政府にはその第6条第2項を遵守する義務がある。自由権規約第6条第2項によれば、「死刑を廃止していない国においては、死刑は、最も重大な犯罪についてのみ科することができる……」[74]。他の国連の保護基準には、死刑は致死その他の非常に重大な結果をもたらした故意の犯罪を超えて適用されるべきではないと明示されている[75]。自由権規約委員会はまた、公開処刑について、「人間の尊厳と相容れないものである」と断定した[76]。

> 「公開処刑の数は、飢きんが最もひどかった1996年から1998年の間がピークでした。人びとは、社会資源である電線や銅線を盗んでは、中国や市場などで売り払っていたのです。このような行為は社会に対する損害であるとみなされたため、朝鮮民主主義人民共和国政府は厳しく罰せねばならないと決定しました。牛を屠殺して食べようとした人たちもまた厳しい罰を受けました。同国政府がこれを禁止したのは、牛が単なる食糧ではなく、（エネルギー資源の不足のため）農業及び輸送にとって欠かせないものだという認識があったからです。1997・1998年には難民が中国へ大挙流出しましたが、朝鮮民主主義人民共和国当局はこの大量脱出に伴い、

> 韓国人と接触を持つ国民がいることに気付きました。当局が恐れたのは、このような韓国人、特に宣教師により、自国民が影響を受けるのではないかという点です。当局は、朝鮮民主主義人民共和国の政治的・社会的構造がおびやかされるのではないかと恐れたのです。中国から強制送還された朝鮮民主主義人民共和国国民が公開処刑された事例が報告されています」[77]。

さまざまな証言から、食糧不足の結果、社会的混乱が発生したことがわかる。そして公開処刑は、「混乱を起こせば罰せられるということを人びとに教育するために」[78] 行われた。処刑の予定は市場などの公共の場所で告知されたとの報告がある。例えば、飢きんが最もひどかった1996年、両江道の恵山市(ベサン)近郊で処刑の告知を見たと証言する目撃者がいる[79]。同国政府が、飢きんが悪化した1990年代半ばに公開処刑を増やす政策を採ったこともまた、各種の証言からうかがえる[80]。ある証言者は、「1995年以降、当局は人びとが中国に脱出しないよう『脅す』必要があり、それで、頭を打ち抜いたんです」とアムネスティに語った[81]。

子どもたちがこれらの公開処刑を目撃させられた。教師が学校の生徒たちを引率し、公開処刑を見に行った事例も報告されている。

アムネスティが大韓民国において聞き取り調査を行った朝鮮民主主義人民共和国の子どもたちの大部分が、同国が飢きんに襲われていた1990年代後半に処刑を目撃している。子どもたちは、絞首刑または銃殺刑を見たと話した。市場で処刑が行われる場合には、商店はすべて閉店させられた。そして処刑が終わった後に商店は営業を再開した。処刑される予定の人びとが、執行前にひどく殴打されていたこともあった。牛の窃盗などの罪で男性も女性も処刑され、またトウモロコシを盗もうとして失敗し警察官を殺害したとして処刑された例もあった。

ある少年は、1997年、会寧(フェリョン)(咸鏡北道)の市場で2回、公開処刑を

目撃したという。その被疑者のうちの1人は牛を殺した「罪」による処刑であった。

　別の少年の証言によれば、3年生だった1996年に、生徒たちが教師に連れられて窃盗を理由とする処刑を見に行ったという。この少年が処刑場面を目撃した2人組の兄弟は、トウモロコシを盗もうとした際に党員を殺害したのであった。

　また別の少年は、茂山(ムサン)(咸鏡北道)において他の生徒たちと共に処刑を目撃した。彼が見たのは、牛の窃盗の罪による、30代の男性の処刑であった[82]。

　アムネスティが集めた証言によれば、「処刑を見させるために、教師が学校の子どもたちを引率しているのが目撃されている」[83]。子どもたちに残虐な処刑場面を見せつけることは、同国政府が、子どもの権利条約第19条を遵守していない現状を示しているといえる。子どもの権利条約第19条によれば、「締約国は、子どもが父母、法定保護者又は子どもを監護する他の者による監護を受けている間において、あらゆる形態の身体的若しくは精神的な暴力、傷害若しくは虐待、……からその子どもを保護するためすべての適当な立法上、行政上、社会上及び教育上の措置をとる」。

　これらの証言の時期以降に公開処刑の数は減っていることを示す報告を、アムネスティは受け取っている。しかし、処刑は拘禁施設内において秘密裏に続いているのではないかという懸念がある。朝鮮民主主義人民共和国刑法には、死刑を科すにあたりあいまいに定義された条項がある。同国政府が提出した、自由権規約の履行に関する第2回定期報告について、その最終所見の中で国連自由権規約委員会は、「(死刑が科される)5つの罪状のうち……4つは本質的に政治的な罪であり(朝鮮民主主義人民共和国刑法第44、45、47、52条)、あまりにも広義の解釈が可能なため、死刑の適用が本質的に主観的な基準によって行われることになりかねないとの深刻な懸念」を引き続き表明した。同委員会はまた、同国に対し、「いかなる公開処刑も行

うべきではない」と勧告し、同国政府に「死刑廃止という、宣言された目標に取り組むよう」促した[*84]。また最近では、国連人権委員会が、「拷問及び他の残虐な、非人道的なまたは品位を傷つける取扱いまたは刑罰、公開処刑、政治的理由による死刑の適用……」を含む、同国内の組織的、広範かつ重大な人権侵害の報告に関して深い懸念を表明した[*85]。

4　飢きん及び食糧危機が子どもに及ぼす影響

　食糧を得る手段が不足しているために、最も大きな被害を受けたのは子どもたちである。1993年から1997年の間に、同国の幼児死亡率は、1990年の1,000人中45人から、1999年には1,000人中58人へと増加したと言われる[*86]。同国政府は、2002年5月に社会権規約委員会に提出した第2回定期報告の中で、幼児死亡率が1993年の1,000人中27人から、1999年には1,000人中48人に増加したことを認めた[*87]。世界保健機関(WHO)、ユニセフ、国際赤十字社連盟などのさまざまな国際機関に向けた同国の2002年の報告書を含む、さまざまな報告によれば、同国の5歳未満の子どもの60パーセント以上が急性呼吸器感染症をわずらい、また20パーセント以上が下痢に苦しんでいる[*88]。これらの疾病による死亡率はほぼ80パーセントに達した。診療所を訪れる子どもたちの約40から50パーセントが汚染された水によって引き起こされる病気にかかっており、またモンスーンの季節にはその率が60から70パーセントまで上昇した。

　国連子どもの権利委員会は、1998年5月の審査において、同国政府が子どもの権利条約で定められた義務に従い提出した第1回報告

を検討した。同委員会は、「主に食糧、医薬品及び清潔な水の不足から起こり、最大の弱者である子どもたちに影響を与える栄養失調のために、幼児死亡率が上昇していることを非常に懸念」していると述べた[*89]。同委員会はその勧告の中で同国に対し、「利用できる資源を最大限用いて子どものための予算配分を行い、かつ必要な場合には、国際協力の枠組みの中で、あらゆる適切な措置を講じて、引き続き子どもの栄養失調を防止しそれと闘うこと」を強く促した[*90]。

世界食糧計画（WFP）による食糧援助配給の主たる対象の一つは子どもであり、WFPはこれまで学校、小児病院、児童養護施設などの施設を援助の対象にしてきた。これにより、同国の子どもたちの栄養水準には大幅な向上が見られる。2002年の調査[*91]によれば、体重が標準未満の子どもの割合は20.1パーセントで、これは1998年の60.6パーセントという数字と比べ、目ざましい改善であった[*92]。急性栄養失調、または「衰弱」（身長と比較した場合の深刻な体重不足）、及び発育障害（慢性的栄養失調）に苦しむ子どもの割合に関してもまた、かなりの改善があった。

このように、栄養水準が向上しているという証拠はあるものの、2003年10月に発表された国連食糧農業機関（FAO）とWFPによる特別報告書では、栄養失調率は依然として「驚くほど高く」、42パーセントの子どもが慢性的栄養失調に苦しみ続けているとの警告がなされている。

「朝鮮民主主義人民共和国で栄養失調にかかっている子どもの割合は、世界保健機関（WHO）による基準と比較して、依然として高すぎる。また慢性的栄養失調の子どもの率も極度に高い」。

長期にわたり食糧を十分に与えられていない状態が続いている影響は、至る所で見てとれる。例えば、大韓民国の7歳児と朝鮮民主主義人民共和国の7歳児を比較した数字がわかりやすい。大韓民国

では、7歳の男の子は身長125センチメートル、体重26キロであるのに比べ、朝鮮民主主義人民共和国の7歳の男の子はそれより身長が20センチメートル低く、体重は10キロ少ないのである[*93]。

2003年4月、国連人権委員会は次のように述べた：

> 「同国における不安定な人道上の状況に対し、深刻な懸念を表明する。特に、最近は改善が見られるものの、依然として相当の割合の子どもたちに影響を与え、その身体的及び精神的発達を妨げている、幼児の栄養失調の蔓延を懸念する」[*94]。

これらの懸念が続いていることから、同国政府が、国連子どもの権利条約の締約国としての義務を適切に果たしていないことは明らかである。この点において、同条約第24条は、「締約国は、到達可能な最高水準の健康を享受すること並びに病気の治療及び健康の回復のための便宜を与えられることについての子どもの権利」を締約国が認めるよう求めている。締約国は、この権利の完全な実現を追求するものとし、「環境汚染の危険を考慮に入れて……並びに十分に栄養のある食物及び清潔な飲料水の供給を通じて、疾病及び栄養不良と戦う」ために「適当な措置をとる」[*95]。

子どもの権利委員会は、「同条約が包含するあらゆる分野における進歩状況、及び都市部・農村部におけるすべての層の子どもたち、特に最も被害を受けやすい子どもたちに関する改善状況を監視するための、特定の仕組みの欠如」に懸念を表明した[*96]。同委員会は、同国政府に対し、「『あらゆる形態の人種差別の撤廃に関する国際条約』や『拷問及び他の残虐な、非人道的な又は品位を傷つける取扱い又は刑罰に関する条約』など、同国がいまだ締約国になっていない主要な国際人権条約は、すべて子どもの権利に影響を与えるものであるから、これを批准すること」などの、一連の勧告を行った[*97]。

子どもたちは、食糧不足及び大人の死亡により、深刻な影響をこ

うむってきた。何百人もの孤児が施設に収容されるか、または食糧援助や国の保護を受けられずストリートチルドレンとなっていることを示す未確認情報もある。

　食糧を求めて中国国境を越えるのに成功する子どももいるが、中国においても、栄養不良でかつ保護を受けられない状態が続く。アムネスティが聞き取りを行った少年の一人は、中国で4年間を過ごしたと述べた。最初の2年半は両親と共にいたが、両親が逮捕された後、1年半は一人で暮らしていた。国境警備隊員により逮捕された子どもたちは、朝鮮民主主義人民共和国に送還され、劣悪な状態の施設に収容されていると言われる。離散家族の子どもたちは未成年収容施設に収容されている、との報告がある。この施設は他の拘禁施設と同様、過密状態で、医療の便宜もほとんど受けられず、被収容者は外部にいる者よりもひどい栄養失調に苦しんでいると言われる。

5　飢きん及び食糧危機が女性に及ぼす影響

　食糧の権利に関する国連特別報告者によれば、「食糧を得る権利の実現を妨げている主要な障害の一つは、多くの社会において女性が経験している社会的、経済的、政治的差別である。女性や少女は、しばしば飢きん及び慢性的栄養失調の被害を最初に受ける存在である。それだけでなく、栄養不良による被害の影響を次世代にまで及ぼすのもまた、女性である。『ライフサイクル』と呼ばれる分析的手法またはアプローチを用いれば、女性が果たしている役割に関する、より正確な理解が得られる。例えば、朝鮮民主主義人民共和国において、1990年代の飢きんは総人口の12から15パーセントを死に

至らしめた。しかしながら、飢きんによって引き起こされた出生数の低下を考慮に入れれば、社会的損害はこれよりずっと大きなものであった」[*98]。

　急激な食糧不足が始まり、配給システムの機能が低下した後、女性が食糧その他の日常生活の必需品を家族のために入手することはますます困難になった。その結果、女性はこれらの必需品を探して農村部を歩き回らざるを得ない状況にも追い込まれてきた。また、女性が中国に向かうために国境を越える事例が急速に増加した[*99]。

　アムネスティが受け取った情報によれば、自らとその飢えた家族を養うために売春に手を染めるまでに追い込まれた女性の数は、ますます増加している。アムネスティはまた、中国の花嫁売買斡旋人によって中国に売られる、朝鮮民主主義人民共和国の女性の数の増加も明らかにしている。この女性たちは、妻となる女性を見つけるのに苦労している、中国国籍の朝鮮族の農民に売られている[*100]。どのような状況であれ、「不法に」中国に入国する朝鮮民主主義人民共和国の人びとはすべて、中国治安当局者及び保衛隊による追跡と逮捕の危険に直面する。朝鮮民主主義人民共和国に強制送還された女性には、同国当局により、強制中絶や幼児殺害を含む、極端な罰が科されているという多くの未確認情報がある。最も厳しい罰を与えられているとみられるのは、中国人男性の子どもを妊娠した女性たちである。アムネスティは、これらの報告を立証することができない。しかしながら、朝鮮民主主義人民共和国政府が、自国の市民と外国人との日常的な接触を頑として許可しないこと、及び婚姻外の出生に対し激しい社会的汚名がきせられることを考えれば、中国から強制送還された未婚の母親が、非常に苦しい状況に直面する可能性は、かなり高いといえるだろう[*101]。

　中国において、性的搾取は「独身の朝鮮民主主義人民共和国女性にとって、常に存在する危険である。特に、孤立した山間部に住む女性は、集団の中で暮らし、大勢の男性たちに囲まれ、家族や地域

社会の保護に頼ることができないため、危険が大きい」と言われている[*102]。

目撃者の証言によれば、朝鮮民主主義人民共和国で拘禁された女性、特に中国から強制送還された女性は、拷問、または残虐で非人道的かつ品位を傷つける取扱いに直面し続けている。

> 2000年4月に強制送還された、52歳の李は次のように証言した。「私は、茂山で尋問されたとき、お金を持っていないかどうか身体を調べられました。服を脱ぐよう命じられ、壁際に立たされました。そして立ったり座ったりを100回繰り返させられたのです。膣の中や髪の毛も、『金を捜し出すために調べ』られました。係官たちは私の服の中も探りました」[*103]。

> 54歳の池(チ)もまた、1999年末に中国から強制送還された後、拘禁された。「最初に、服を全部脱ぐように言われました。女性看守が、医療用手袋をして私の膣に手を入れ、お金を隠し持っていないかどうか確認しようとしました。それから、裁判前拘禁の間、辱(はずかし)めを受け、虐待されました。看守たちは全員が男性で、私の性器や胸をほうきで触りました。裁判前拘禁の期間中、看守はすべて男性でした。尋問されている間、私は一人きりでした。他の人たち同様、思い切って話したら、殴られました」[*104]。

労働キャンプの女性被収容者は、れんが工場や農場で長時間強制労働させられていたことが、さまざまな証言からわかる。看守に働きが悪いとに思われた場合は、殴打された。

> 1999年9月に朝鮮民主主義人民共和国に強制送還されたチョは、次のように証言した。「清津(チョンジン)労働集結所では、私はれんが工場

> で働いていました。白菜と大根畑での労働に駆り出されたこともありました。野菜を隠して（盗んで）いるのが見つかった人たちは、仲間同士で殴り合いをさせられました。それで、もし思い切り殴らなかったら、今度は保衛隊員に殴られたんです。私たちは午前5時から夜の10時まで働きました。妊婦も例外なく、です」[105]。

　元被収容者の報告によれば、女性被収容者のための適切な設備の不足により、過酷な状態がさらに悪化しているという。金とチョウは、月経時に必要な生理用品が与えられなかったため、自らの服を切り裂いたと証言した。金は「ストレスと栄養不良のため、10ヵ月もの間生理がありませんでした」と話した[106]。池はさらに、月経用の布を洗う時間が十分に与えられなかったと述べた。

　女性差別撤廃委員会により出された一般的勧告第19号は、「締約国は、あらゆる形態のジェンダーに基づく暴力について、公的な行為によると私的な行為によるとにかかわらず、これを克服するための適切かつ効果的な措置を取らねばならない」としている。

6　飢きん及び食糧危機から逃れた結果
:中国における朝鮮民主主義人民共和国の人びと

　朝鮮民主主義人民共和国の法律は、許可なく出国することを禁じているが、これは自国を離れるという基本的権利の明白な侵害である。同国が締約国となっている、自由権規約第12条第2項によれば、「すべての者は、いずれの国（自国を含む）からも自由に離れることができる」となっている。

　朝鮮民主主義人民共和国国境を「不法に」越える同国の者、または他人の越境を助ける者は、重い刑罰に直面する。同国刑法第117

条の下では、「共和国の国境」を許可なく越える者は、労働教化所で最高3年の刑を受ける。第118条の下では、「国境管理部門」に勤める官吏が、何者かが「不法に国境を往来する」のを手助けした場合、労働教化所で2年から7年間の刑を受ける。

同国における急激な食糧不足のため、何万もの人びとが「不法」に国境を越え、中国北東部の省に入ることとなった。同地域を訪れた非政府組織、ジャーナリスト、及び援助関係者によれば、何千人もの朝鮮民主主義人民共和国出身者が現在、国境地帯で暮らしているという。

中国に「不法」滞在している朝鮮民主主義人民共和国の人びとは、ぞっとするような状態で暮らしており、身体的、心情的、及び性的な搾取を受けやすい。中国で暮らす朝鮮民主主義人民共和国からの「不法」滞在者に対する監視及び取調べは、何百もの同国の人びとが避難所と庇護を求めて外国大使館や領事館に入り占拠した数々の事件の後である2001年以降、厳しさを増した。中国における朝鮮民主主義人民共和国の人びとの数は、2002年以降、中国当局が多数の朝鮮民主主義人民共和国出身者を強制送還してから、大幅に減少した。

ジョンズ・ホプキンズ大学が行った調査[107]により、中国にいる朝鮮民主主義人民共和国の人びとの大部分が、国境に面した咸鏡北道出身であることが報告された。彼らが越境移動を行った主な理由は、「中国の延辺自治区に（比較的）容易に近づくことができる点と、咸鏡北道の住民を襲った極度の食糧難と貧困であった」[108]と伝えられている。人びとが朝鮮民主主義人民共和国を離れる動機は、単に生き延びるためだと思われるにもかかわらず、同国当局は国を離れる行為を犯罪と規定し、かつ政治的な罪であると見なしている[109]。このことからも、また送還される人びとが過酷な刑罰に直面するということからも、中国にいる大多数の朝鮮民主主義人民共和国出身者が、1951年の難民の地位に関する条約（難民条約）の下で、難民と認定さ

れうることは明らかである。

　中国に暮らす朝鮮民主主義人民共和国の人びとは、迫害からの庇護を求めそれを享受する権利を奪われている。中国は難民条約の締約国である。しかし、中国における朝鮮民主主義人民共和国からの庇護希望者を支援する非政府組織やその他の支援者たちは、同国出身者が国連難民高等弁務官による難民認定手続きに入ること、または集団として保護を受けることは、実質的に不可能だと口を揃えている。アムネスティが非政府組織及び日本、韓国、米国の情報源から受け取ったいくつかの報告によれば、中国は、庇護を求めて主張する機会を与えることなく、朝鮮民主主義人民共和国出身者をその出身国に定期的に送還している。中国はまた、これらの人びとが朝鮮民主主義人民共和国における重大な人権侵害から保護されるか否かという、客観的かつ十分な情報に基づいた決定を下すことなく、彼らを送還している[*110]。中国政府はまた、非政府組織の活動家（大部分は韓国国籍または日本国籍）、及び朝鮮民主主義人民共和国の人びとが中国を離れ韓国に到着するのを助けようとしてきたその他の人びとを逮捕、投獄してきた[*111]。

　ニューヨーク・タイムズ紙向けに定期的に取材を行っていたフリーのカメラマン、ソク・ジェヒョンは、2003年1月18日に逮捕された。このとき彼は、韓国や日本に向けてボートで中国を脱出しようとしていた朝鮮民主主義人民共和国の人びとを撮影中であった。5月22日、山東省の烟台の裁判所はソク・ジェヒョンに対し、人身売買の罪で2年の刑を言いわたした。朝鮮民主主義人民共和国の人びとを援助していたとされる韓国人援助関係者1名、中国国籍の者2名、及び朝鮮民主主義人民共和国の1名もまた、同様の罪状により2年から7年の刑を宣告された。控訴審は当初6月に予定されていたが、7月半ばまで延期され、その後また説明もなく延期された。2003年12月19日、山東省の裁判所はソク・

> ジェヒョンによる控訴を棄却し、人身売買の罪による2年の刑を支持した。ソク・ジェヒョンは、現在中国の刑務所に収容されている唯一の外国人ジャーナリストだと言われている[112]。

中国国境警察及び朝鮮民主主義人民共和国当局により中国で逮捕された人びとは、中国で数日間拘禁され、その後自国に強制送還されるという。朝鮮民主主義人民共和国に強制送還されれば、許可なく国を離れたことを理由に、恣意的拘禁、強制労働、そして場合によっては死刑などの刑罰にさらされる危険がある。中国政府は、中国にいる朝鮮民主主義人民共和国出身者は難民ではなく「経済移民」だとみなしていると繰り返し述べた。

中国から強制送還された朝鮮民主主義人民共和国の人びとに与えられる刑罰の程度は、いくつかの要因により決定されると思われる。尋問が行われた後、「中国に行った回数や、経歴(軍隊で働いたことがあったり、または政府の役人であった場合は、尋問及び判決はより厳しいものになるらしい)が関係します。そして当局が、その被拘禁者は『政治的に危険』でないと確信した場合は、村単位の労働キャンプに送られ、3ヶ月から3年間の強制労働を科せられます。『政治犯』であると分類された人びとは、より過酷なキャンプに送られ、時には独居拘禁されたり、また時には家族全員が拘禁されたりします」[113]。

強制送還されその後拘禁された人びとが故郷に戻ると、地域社会からは村八分にされ、厳しい当局の監視にさらされる。

> 「拘禁から解放された後、党員がいつも私を見張るようになりました。栄養不良は改善されませんでした。私が中国に行ったのは、食糧不足のためだったんです。生きるか死ぬかの選択でした。私は生きたかった。だから、国を離れる決心をしたんです」[114]。

別の朝鮮民主主義人民共和国の証言者はアムネスティに次のよう

に語った。

「刑務所から釈放されたとき、隣近所や友だちからは完全に疎外されました。社会的に孤立してしまって、私の経歴には傷がつきました。私の経歴の汚点のせいで息子の将来も台無しにしてしまうんじゃないかと心配しました」[115]。

強制送還された人びと、特に女性の中には、釈放後、家族（特に子ども）の行方がわからなくなったという人びとがいる。多くの場合、家族または集団の全員が一度に捕まり強制送還されるわけではない。拘禁状態から解放されれば、多くの朝鮮民主主義人民共和国の人びとが再び中国に戻る決心をし、その結果、脱出・逮捕・送還という悪循環にはまってしまうのである。

7 強制送還された朝鮮民主主義人民共和国の人びとに対する拷問及び虐待

中国から強制送還された朝鮮民主主義人民共和国の人びとは、同国の拘禁施設または警察署で拘禁され、尋問を受ける。これらは国家保衛部（国家安全警察として知られる）、または人民保安省（警察として知られる）、また時にはその両者によって、運営されている。人びとは、中国から強制送還された後、国家安全警察及び／または警察による取調べや尋問を受ける。

> 金は1998年10月、中国当局によって、夫と共に朝鮮民主主義人民共和国に強制送還された。彼女がアムネスティに語ったところによれば、夫は拘禁中に死亡した。「夫は私が尋問を受けてい

> た部屋の隣で拷問されていました。手錠をされて、棒で殴られていました。夫は（韓国に行こうとしていた）計画を自白したようです。夫は歩けなくなり、歯も全部抜けたと聞きました。そして、1998年11月に亡くなったんです。私は二度と夫に会うことができませんでした。私がようやく夫の死を知ったのは、2000年2月、清津市保衛部の拘禁施設に移送されたときです。夫は穏城(オンソン)の社会安全部（警察）の拘禁施設で病死したと知らされました」[116]。

> 朝鮮民主主義人民共和国の元役人は、次のようにアムネスティに語った。「自白しようとしない被拘禁者はこぶしで殴られました。何日も眠らせてもらえず、長時間ひざまずかされました。政治囚は独居拘禁されていました。尋問される際には、手錠をされて取調室に連れて行かれました。独房にいるときでさえ手錠をかけられたままでした。自殺を防ぐためです」[117]。

仲間同士で話をしているところを見つかった囚人は、木の棒や鉄棒で殴打された。それが終わると、真冬でさえ身体に冷水を浴びせられたと報告されている。「水責め」、すなわち縛られて大量の水を飲ませられた囚人もいる。アムネスティに寄せられた情報によると、中国から強制送還された朝鮮民主主義人民共和国の人びとは、尋問中、殴打されるのが常である。同国の人びとの多くは、警察による殴打が人権侵害であると認識していないようである。しかしながら、このような殴打は自由権規約第7条により禁じられている。第7条によれば、「何人も、拷問又は残虐な、非人道的な若しくは品位を傷つける取扱い若しくは刑罰を受けない」。自由権規約委員会の一般的意見第20号は、この第7条の履行に関して次のように述べている。

「拷問または他の禁じられた取扱いを通じて得られた供述書、また

は自白を司法手続において証拠能力があるとして使用することを法律により禁止しなければならないことは、(自由権規約)第7条の違反行為を抑制するために重要である。第7条における禁止は身体的苦痛をもたらす行為だけでなく、被害者に対し精神的苦痛をもたらす行為にも及ぶ。委員会の見解では、さらにその禁止は、体罰、即ち犯罪に対する処罰としての、または教育的、懲戒的措置としてのいきすぎた処分を含む体罰にも及ぶ」。

(以下に述べる) 金に対する取扱いは、中国から送還された女性たちの間に典型的に見られるものである。

> 金は2001年に送還された。彼女もまた、中国から朝鮮民主主義人民共和国に強制送還された後、恣意的尋問及び拷問を受けた。「私は2001年8月に中国で捕まりました。逮捕直後、中国の警察署に連行され、それから中国の拘禁施設で7日間過ごしました。その後、国境警察に引き渡されて3日間を過ごしました (国境警備員による尋問を1日受けました)。それから、国家保安保衛部によって、尋問のため10日間拘禁されました。次に労働教化キャンプに15日間送られました。最後に清津の拘禁施設に3ヵ月間収容されました。国境警察の拘禁施設では、中国にどのくらいの期間いたのか、また、韓国人や教会関係者と接触したかどうか、尋ねられました。服を脱がされ、体のすみずみまで調べられました。お金を隠していないか、係官に膣の中まで調べられたんですよ」[118]。

強制送還された朝鮮民主主義人民共和国の人びとは、国外にいる間にどのような人間と接触したかについて、長時間の尋問を受けざせられる。

> 崔は次のように証言した。「1週間、国家保衛部に尋問されまし

> た。彼らが私から主に聞き出そうとしたのは、私が韓国人と接触したことがあるかどうかです。また、どのような人たちと会ったのかについても、尋ねられました」[119]。朝鮮民主主義人民共和国の人びとのほとんどは、韓国人と接触したことは一度もない、と否定する。その種の接触に対し与えられる罰が、重労働付き長期間の投獄、また場合によっては処刑の可能性さえあるからである。

8 食糧不足と、拘禁施設及び刑務所の悲惨な状態

長期にわたる食糧不足は、拘禁施設や刑務所の状態が悪化している大きな要因である。

> 金は1997年か1998年に中国から強制送還された。彼は、拘禁されている間、周囲の人びとが餓死するのを目撃したと証言した。金はまた、悲惨な拘禁状態を次のように描写した。「私が拘禁され尋問を受けた警察（人民保安省）の尋問／拘禁施設は、しょっちゅう過密状態でした。拘禁されていた人のほとんどは、中国で捕まり送還されてきた人たちでした。収容房は両側に格子があって、あらゆる角度から被収容者を監視できるようになっていました。窓はありませんでした。私たちは、午前5時から夜の11時30分まで手足を動かすこともできず、頭を下げて、じっと座っていなければなりませんでした。便所はまったくひどい状態でした。女性のための必需品もありませんでした。被拘禁者は便器や排泄物を手で運ぶよう命じられました。しかし、手を洗う石鹸はもらえませんでした。食事はじゃがいもの皮と豆で作られていました。それから、かぼちゃ

が少しだけ入った汁。塩はありません。この食事が日に3度与えられました。仲間同士でしゃべっているところを見つかったら、罰として食事を抜かれました。みんな、解放される頃には半分死んだようになっていました。私も死ぬかと思いました。私は、人びとが栄養失調で死ぬのを目撃しました。死体が運び出されるのも見ました。人が死ぬ直接の原因は主に栄養失調でした」[120]。

李は、被拘禁者仲間のほとんどが、厳しい食糧不足の犠牲者だったと強調した。「私は1997年に3ヶ月間、会寧の拘禁施設に収容されていましたが、そこにいたほとんどの人は、経済的な理由で罪を犯した人びとでした。聞いたところによると、集団農場の牛を殺して食べてしまった人、銅線や電線を売った人、それから強盗に手を染めた人もいました。政府が食糧を十分支給してさえいたら何の問題もなかったのに、と話していた人がほとんどです。食糧不足は被収容者が直面した最大の問題でした。私は汁の中にとうもろこしの粒がいくつ入っているか数えたことがあります。1食につき80粒でした。囚人仲間が栄養失調で死んでいくのを目撃しました。15歳か16歳くらいの男の子が死ぬのを見ました。男の子は、学校からコップを盗んで売ったということで拘禁されていたのです。15日間拘禁されて男の子は死にました。栄養失調のために、そばに置かれた食事を口にすることもできなくなったのです。食糧は、ほとんどありませんでした」[121]。

アムネスティに証言をした朝鮮民主主義人民共和国の人びとの大部分は、同国の拘禁施設や刑務所に拘禁されていた。彼らによれば、それらの施設は深刻な過密状態であったという。元被拘禁者の一人によれば、過密のため[122]、およそ15坪ほどの大きさの部屋に、9から12人もの被拘禁者が収容されていた。そのため、眠る際は、体

を丸め折り重なるようにして眠らなければならなかった。

　拘禁施設における最大の問題は食糧不足であり、これは飢きんまたは食糧危機に起因する、とほとんどの元被拘禁者たちが述べた。1日に3度、毎食とうもろこし80粒を与えられたと証言する被拘禁者もいれば、一方で、日に3度、小さなお椀1杯の湯で溶いた3、4さじほどのとうもろこし粉しか与えられなかったと語る被拘禁者もいる[*123]。

　元被拘禁者たちの証言によれば、拘禁施設や刑務所における衛生状態は劣悪で、医療も不適切なものであったことが明らかである。ある元被拘禁者がアムネスティに対し語ったところによれば、医師が一人もいない拘禁施設もあったという[*124]。栄養失調及び伝染病による死亡率は高く、刑の軽い人びとであっても免れることはできない。従って、同国の人びとの多くが、中国からの強制送還はすなわち死刑宣告に等しいと考えている。送還された人が「政治犯」に分類されるか「軽い」刑を宣告されるかは関係ない。李によれば、送還は死を意味した。「被拘禁者は拷問のせいだけで死んだのではありません。栄養失調と拷問が重なったからなのです」[*125]。

　食糧不足の結果、政治犯労働収容所または「管理所」においても、栄養失調による死者が出た。

　金は中国から送還された後、反逆罪で、耀徳（ヨドク）管理所に4年間収容された。金は次のように証言している。「耀徳での生活は、栄養失調のために困難を極めました。食事は少量のとうもろこし飯を与えられました。時には、白菜の葉っぱの入った塩のスープしかもらえなかったこともあります。肉は一切出ませんでした。私たちはいつも腹をすかせていて、春には草も食べました。栄養失調で3、4人が亡くなりました。死者が出ると、仲間の囚人たちはしばらく当局に報告しないでおきました。そうすれば、死んだ人の分の朝ごはんにありつけましたからね」[*126]。

被拘禁者が刑務所の規則に違反した場合、さらに食糧が減らされることもあった。

> 金の報告によれば、労働教化キャンプにおける懲罰制度には、食事を与えないことも含まれていたという。彼女によれば、「逃亡しようとした人たちは殴られ、時には撃たれることもありました。その際の罰は、逃げようとした本人にとどまらず、集団全体に及びました。全員が、罰として食事を抜かれたり、さらに重労働をさせられたりしました」[127]。

国家が特定の個人または集団に対し、食糧の権利を否定することは、「その差別が法に基づくものであれ、現場の行為であれ」社会権規約第11条の下で保障された食糧の権利の侵害であると見なされる[128]。また、被拘禁者処遇最低基準規則（SMR）第20条第1項によれば、「すべての被拘禁者は、当局によって、通常の食事時間に、健康及び体力を保つのに十分な栄養価があり、衛生的な品質で、かつ、よく調理された食糧を与えられなければならない」。

2001年に国連自由権規約委員会は、依然として「更生施設、刑務所、収容所における、残虐な、非人道的な、及び品位を傷つける取扱いと状態、及び不適切な医療に関する数多くの疑いについて懸念する。これらは自由権規約第7条、第10条、及び処遇最低基準規則の違反にあたると思われる」と述べた。同委員会は朝鮮民主主義人民共和国政府に対し、以下のことを勧告した。

> 「朝鮮民主主義人民共和国政府は、施設（更生施設、刑務所及び収容所）、その他の同国内のあらゆる拘禁施設の状態を改善するための措置を取るべきである。同国は、自由権規約第10条により定められているように、自由を奪われたすべての者が、人道的かつ人間の固有の尊厳を尊重して取り扱われるよう保障しなければならない。同締約国は、あ

らゆる被拘禁者が十分な食事と適切かつ時機にかなった医療を与えられるよう保障しなければならない。刑務所、更生施設、その他の抑留または拘禁施設に対する、独立した、国内及び国際的調査について、同締約国はこれを許可するよう、自由権規約委員会として強く勧告した」[*129]。

9　援助継続の問題

　朝鮮民主主義人民共和国は、厳しい食糧不足に瀕している、孤立した国である。不安定な経済状態及び国際金融機関からの排除のために、同国は深刻な食糧不足に対応するために食糧を輸入することができる状態になく、従って国際社会からの食糧援助に頼らざるをえない。収穫高の上昇にもかかわらず、世界食糧計画（WFP）によれば、2004年には、650万近い人びと（総人口の3分の1）、主に女性と子どもが、食糧援助を必要とするだろう。同国の子どもの10人に4人以上が「慢性的栄養失調」に苦しんでいる。母親たちの3分の1が栄養失調及び貧血であることが明らかになっている。国際社会は、対象となる受益者集団に確実に届くよう配慮しつつ、食糧援助を継続しなければならない。また、食糧援助を政治的な道具として利用するべきではない。

　同国は、1995年以来、800万トンほどの食糧援助を受けてきた。そのうちのほぼ半分はWFPにより支給された。WFPの調査結果によると、はっきりとした改善が見てとれる：

　・体重が標準未満の子どもの割合は、1998年の61パーセントから、2002年には21パーセントに低下した。

　・「衰弱」（急性栄養失調）は、1998年の16パーセントから、2002年には9パーセントに減少した。

・発育障害または慢性的栄養失調は、1998年の62パーセントから、2002年には42パーセントに減少した。

　国際社会からの食糧援助はこれらの改善をもたらすのに重要な役割を果たし、同国政府が市民の生命に対する権利を保護するのを支援してきた。食糧援助の結果、同国の人びとの栄養失調による死亡数が減少したものと思われる。

　しかしながら、危機はいまだ終わっておらず、同国は依然として食糧及び医薬品の供給を必要としている。それなしでは、栄養失調率は再び上昇する可能性があり、人道上の危機は悪化しかねない。2003年12月8日の国連人道問題調整局（OCHA）の報告によれば、2003年の同国のための人道支援合同要請に対し、要請額の半分を上回る程度の資金しか提供されず、その結果、2003年には300万人もの食糧援助受益者が不充分な援助しか受けられなかった[130]。11月、WFPは、70万の老人に対する穀物の支給を停止せざるをえなかった。新規援助の確約がなされない限り、穀物不足のため、全国で最高380万人の人びとが影響を受ける可能性があると懸念された。穀物不足により、幼児、妊娠中及び授乳中の女性を含む、同国の西海岸に住む220万人の受益者が影響を受ける可能性があるとの懸念があった。国際社会が新規援助を約束しなければ、穀物不足は2004年5月までに全国の380万人に影響を及ぼしかねないと、OCHAは懸念を表明した。

[72]　E/CN.4/2001/53, p.4, paragraph 3.
[73]　United Nations, Consolidated Inter-Agency Appeal 2003: Democratic People's Republic of Korea, November 2002.
[74]　UN Document No. E/CN.4/1997/60, 23 December 1996, Paragraph 91.
[75]　国連経済社会理事会が1984年に採択した、「死刑に直面している者

の権利保護基準」第1項。

*76 CCPR/C/79/Add.65, 23 July 1996, paragraph 16 (1)．

*77 ソウルの非政府組織・社団法人「チョウン・ポッドゥル」の李ソンヨンへの2002年12月4日付けインタビューから。

*78 チョウによる2002年12月8日の証言。

*79 李による2002年12月3日の証言。

*80 金による2002年12月7日の証言。

*81 Y氏（名前の公表をひかえる）による2002年12月の証言。

*82 2002年12月3日の証言による。

*83 李による2002年12月3日の証言。

*84 *"Concluding Observations of the Human Rights committee: Democratic People's Republic of Korea, 27/08/2001"*, (OCCPR/CO/72/PRK), paragraph 13 から引用。

*85 UN commission on Human Rights, *ibid*.

*86 The World Bank Group, *Poverty Reduction and Economic Management/Human Development/Development Economics*, May 2001, p.27. (http://www.worldbank.org/poverty/data/trends/social.pdf)

*87 E/1990/6/Add.35, Table 6, p.21.

*88 Center for Children Medicine Support Inc., Symposium on the Health Conditions of North Korean Children Seoul: Sejong Cultural center, 14 November 2002.

*89 Concluding observations of the Committee on the Right of the Child: Democratic People's Republic of Korea. 05/06/98. CRC/C/15/Add.88 (Concluding Observations/Comments), p.2.

*90 *Ibid.*, p.3.

*91 The conclusions form part of a nutrition survey jointly conducted by the UNICEF, The WFP and the North Korean government. この共同調査は、12都市・郡からランダムに選ばれた6,000人の母親と、その7歳以下の子どもを調査した (Central Bureau of Statistics, "Report on the DPRK Nutrition Assessment, 2002," Pyongyang, DPRK, 20 November, 2002)。

*92 Europian Union/UNICEF/WFP, *Nutrition Survey of the Democratic People's Republic of Korea*, New York: UNICEF, 1998 によると（これは無作為抽出した生後6ヶ月から7歳までの子ども1,762人に対する栄養調査で

ある)、15.6 パーセントの子どもが衰弱しており（身長比の体重）、62.3 パーセントが発育不全で（年齢比の身長）、60.6 パーセントが若干、または重度の体重不足（年齢比の体重）だった。2002 年のさらに大規模な栄養調査では、同じ年齢層の 6,000 人の子どもを調査したが、8.12 パーセントの子どもが衰弱しており、39.22 パーセントが発育不全、20.15 パーセントが体重不足だった。ただし、1998 年の栄養調査が小規模だったため、この２つの調査は正確な比較ができるわけではないが、朝鮮民主主義人民共和国の子どもの栄養水準の変化を知るための明確な知識を提供してくれる。

*93　Kathi Zellweger がスピーチ "Caritas in North Korea—for Human Dignity and Justice," 31 May 2003 の中で Nicholas Ebestadt を引用した言葉。

*94　UN Commission on Human Rights Decision, *Situation of Human rights in the Democratic People's Republic of Korea* (E/CN.4/2003/L.11, 2003/10, 16 April 2003).

*95　国連子どもの権利宣言第 24 条第 2 項 c 。

*96　Concluding observations of the Committee on the Rights of the Child: Democratic People's Republic of Korea. 05/06/98. CRC/C/15/Add.88 (Concluding Observations/Comments), p.2.

*97　*Ibid.*, p.3.

*98　E/CN.4/2001/53, p.23, paragraph 78.

*99　統一研究院『北韓人権白書 2003』172 頁（ソウル、2003 年）。

*100　Amnesty International, "Democratic People's Republic of Korea: Persecuting the starving: The Plight of North Koreans fleeing to China," (ASA24/003/00)、pp.6-7.

*101　Hazel Smith, "North Koreans In China: Defining the problems and offering some solutions," Unpublished paper, December 2002, p.7.

*102　Hazel Smith *Ibid.*, p.14.

*103　李がアムネスティに行った 2002 年 12 月 8 日の証言。

*104　池がアムネスティに行った 2002 年 12 月 3 日の証言。

*105　チョがアムネスティに行った 2002 年 12 月 8 日の証言。

*106　金がアムネスティに行った 2002 年 12 月 7 日の証言。

*107　ジョンズ・ホプキンス大学の調査は 1998 年の在中国の朝鮮民主

主義人民共和国人 440 人が含まれる。またその成果は *Lancet*, July 1999 として出版された（注 17 参照）。

*108　Hazel Smith, "North Korean in china: Definding the problems and offering some solutions," 2002, p.9.

*109　国を離れる行為を犯罪とみなすことも、この事実を示している。

*110　在中国の外国大使館やインターナショナル・スクールを占拠しようとした朝鮮民主主義人民共和国人に関する国際メディアの大々的な報道以降、中国政府は彼らが第三国を通じて大韓民国に行くことを許可している。

*111　大韓民国の憲法では、すべての朝鮮民主主義人民共和国人は大韓民国国民であると規定している。

*112　Committee to Protect Journalists, Chinese Court Rejects South Korean Photographer's Appeal: Journalist to remain jailed, 23 December 2003.

*113　リ・ソンヨン、社団法人「チョウン・ポッドゥル」、2002 年 12 月 4 日。

*114　李による 2002 年 12 月 3 日の証言。

*115　池による 2002 年 12 月 3 日の証言。

*116　金がアムネスティに行った 2002 年 12 月 7 日の証言。

*117　国家保衛部のもと役人だった、Y による証言。

*118　金がアムネスティに行った 2002 年 12 月 7 日の証言。

*119　崔がアムネスティに行った 2002 年 12 月 7 日の証言。

*120　金がアムネスティに行った 2002 年 12 月 7 日の証言。

*121　李がアムネスティに行った 2002 年 12 月 3 日の証言。

*122　穏城郡の社会安全部の拘禁施設には、40 から 50 人用に作られた施設に、150 人がいたといわれる。

*123　チョがアムネスティに行った 2002 年 12 月 8 日の証言。

*124　だれかが重度の病気にかかった場合、彼／彼女は外部の病院に連れて行かれる。治療を受けている間は 1、2 人の警備員が病院に送られるため、当局は人びとを病院に送ろうとしなかった（金がアムネスティに行った 2002 年 12 月 2 日の証言）。

*125　李がアムネスティに行った 2002 年 12 月 3 日の証言。

*126　金がアムネスティに行った 2002 年 12 月 2 日の証言。

*127　金がアムネスティに行った 2002 年 12 月 7 日の証言。

*128　社会権規約一般的意見第 12 号第 19。

*129　人権委員会の最終意見、2001 年 7 月。
*130　WFP の情報によると、1995 年から 2001 年の間の緊急実施要請は、ほとんど寄付によって充当されたが、2002 年と 2003 年には寄付が減少し続けたという。2002 年には食糧援助 61 万 1,000 トンの要請に対し、37 万 5,000 トンしか得られなかった。2003 年には、51 万 1,000 トンの食糧援助要請に対し、30 万トンしか得られなかった。

7

結論

食糧の権利は、朝鮮民主主義人民共和国の人びとが直面している多くの人権問題の根本であると、アムネスティは考える。今日まで、同国政府は、この権利を尊重し擁護するという義務を怠ってきた。実際その行為は飢きん及び食糧危機の影響を悪化させてきた。食糧の供給を支援する国際社会の努力は、同国政府が、迅速かつ公平な食糧の配給を認めず、また依然として情報の自由に対する制限を設けているために妨害されてきた。同国政府は、自らの義務を果たすこと、及び同国の人びとの権利を保障するために他者と連携して努力することを、怠ってきた。そのため、国際社会の支援者たちは、同国の人びとが食糧を得る権利を享受できるよう保障する、自らの側の義務を負うことに、より慎重になっている。基本的人権より政治的事柄が優先され、同国全土にわたって一般の人びとがその結果に苦しんできた。そして現在も、苦しんでいる。

　同国政府及び国際社会が直ちに措置を講じれば、同国の人びとの、飢きんから自由になる権利が守られるとアムネスティは確信している。以下に述べる勧告が履行されれば、同国の人びとの状況は目に見えて改善されるだろう。アムネスティは、同国政府及び国際社会に対し、これらの勧告を遅滞なく履行し、同国の人びとの苦難を和らげるよう、強く要請する。人びとは、もう十分に長い間、飢えに苦しんできたのである。

朝鮮民主主義人民共和国政府に対する勧告

朝鮮民主主義人民共和国政府は：

・反政府的とみなされた人びとを迫害するための道具として、食糧不足を利用しないよう、また食糧援助の配給に関し差別のないよう、保障すること。

・同国の人権政策及びその実施について、より広範な点検を認めること。例えば、独立した調査団に対し無制限のアクセスを許可すること、食糧援助の配給において、透明性と公開性を認めること。

・国連諸機関をはじめとする人道組織が、必要性に応じ公平に、人道的原則にのっとって、人道支援を確実に届けることができるように、自由にかつ妨害なく、同国全土にわたって活動できるよう保障すること。

・食糧の権利を尊重し、擁護し、履行すること。同国が締約国となっている国際基準に沿い、食糧を得るための適切な手段を強化すること。同国政府は、いかなる者に対しても、食糧を得る手段を奪うような措置を取ることなく、食糧の権利を尊重すること。人びとの資源獲得及びその利用の強化に主眼を置いた行動を通じて、また人びとの生活を保障する手段を通じて、また彼らの手に余る原因で、自力で十分な食糧を得る権利を享受できない個人または集団に対し、公平かつ差別なく食糧を供給することにより、そして食糧を得る手段を促進することにより、食糧の権利を履行すること。

・食糧の権利は正当な権利であり、食糧の権利が侵害された場合、人びとが救済を求めることができるよう保障するために、法律及び法的手続きを導入または修正すること。例えば、同国政府は「食糧

の権利に関する国家戦略を履行する、重要な手段としての枠組みとなる法律」を採用すること。その法律は、その目的、目的達成のための手段に関する規定を定め、その監視と可能な申し立て手続を制度的に明確化しなければならない[*131]。

・特に、食糧を得る適切な手段を保障するため、同国のすべての人びとの移動の自由に関する権利を尊重すること。家族を養おうとして罪を犯しただけの人びとを、同国政府は処罰しないこと。特に、同国政府は、他国へ移動した、とりわけ人道上の理由からそのようにした市民を、処罰しないこと。また、これらの人びとの出国を、投獄、非人道的なまたは品位を傷つける取扱い、または死刑などの処罰に結びつく、犯罪もしくは反逆罪などとして扱わないこと。

・あらゆる処刑を止めること。

・同国で、表現及び結社の自由に関する権利の非暴力的な行使のために投獄されているいかなる者も、直ちにかつ無条件に釈放すること。

・拷問及び虐待は許されない。拷問に対し責任があることが判明したいかなる役人も、法の下で裁かれること。犠牲者が適切な補償を受けられること。

・拘禁施設または機関に収容されている者を含む、女性などの、弱者の権利を守ること。いかなる集団も食糧配布において差別を受けないよう保障すること。

・子どもなどの弱者の権利が守られ、いかなる子どもも食糧の配給及び医療を受ける上で、差別されないよう保障すること。

・一般の人びとが食糧事情及び人権の重大さを認識できるよう、独立した報道機関が出版・放送を行うのを許可すること。また報道への自由かつ障害のないアクセスを認めることなどによって、情報を得る権利を尊重すること。

・同国がいまだ締約国になっていない人権条約、特に、拷問及び他の残虐な、非人道的なまたは品位を傷つける取扱いまたは刑罰に

関する条約、あらゆる形態の人種差別の撤廃に関する国際条約、拷問等禁止条約選択議定書、（委員会に対する個人通報及び調査を認めている）女性差別撤廃条約選択議定書、自由権規約選択議定書（個人通報制度）を批准すること。

・同国が締約国となっている人権条約、すなわち社会権規約、特に飢きんからの自由に関するすべての者の権利に関して、また自由権規約、及び子どもの権利条約の下での義務を履行し、この目的のためにあらゆる必要な措置が講じられるよう保障すること。

・子どもの権利委員会、自由権規約委員会、及び社会権規約委員会の勧告を履行すること。

・国連の人権分野の組織と協力すること。特に、同国の状況に関連する、人権委員会におけるテーマ別の手続き、特に恣意的拘禁に関する作業部会、及び強制的または非自発的失踪に関する作業部会、及び国際人権団体と、制限もしくは留保なく協力すること。

・食糧の権利に関する特別報告者、及び拷問に関する特別報告者、女性に対する暴力に関する特別報告者を同国に招き、無制限のアクセスを許可すること。

国際社会に対する勧告

支援国政府や国連をはじめとする国際社会は：

・朝鮮民主主義人民共和国政府が、食糧を得る権利を尊重し、擁護し、履行するという義務を実現できるよう、食糧援助及び人道支援を供給すること。人道支援の供給にあたっては常に人権を考慮すること。いかなる政府も、食糧危機の際に不可欠な援助を、政治的もしくは経済的利益を促進するための交渉の道具として、用いては

ならない。

・同国政府に対し、前項の勧告を履行するよう要請すること。特に、社会権規約、自由権規約、その他同国政府が締約国となっている国際基準に沿った、アクセス、責任及び遵守に関する問題が重要である。

・同国政府とのあらゆる協議の際に、人権保障の問題が確実に含まれるようにすること。アクセス、責任及び人権に関するいかなる協定も、締結後に、しかるべき監視を行うこと。

・開発及び人道援助に関する政策のいずれも、差別が行われないことを保障するなどの、人権の原則に確実にのっとったものであること。

・同国の人びとに対する人道支援、特に食糧援助を（社会的弱者を例外とし）差別なく配布するよう保障すること、及び、国際人道機関の代表がこの配布状況を監視するために、同国全土において通行を認められるよう保障することを、同国政府に対し引き続き要請すること。

・ノン・ルフールマンの原則の尊重を含む、国際法の下での義務を中国政府が尊重するよう保障すること。国連難民高等弁務官及び国際社会は、庇護を求めこれを享受する朝鮮民主主義人民共和国の人びとの権利の尊重を含む、1951年の難民条約の下での義務を果たすよう、中国政府に対し要請すること。

中華人民共和国政府は：

・国際人権法及び難民法に基づく自らの義務を尊重すること。これは、中国領土内のすべての朝鮮民主主義人民共和国の人びとの基本的人権を守ることを含む。特に、難民としての保護を求める人びとが、公平で、十分かつ個別の、難民としての地位認定手続きを受けることができなければならない。朝鮮民主主義人民共和国からの難民としての保護を求める者は、その訴えが、独立した公平な審査

を受けられるよう、国連難民高等弁務官へのアクセスを与えられなければならない。公平で満足のいく手続きに基づき難民と認められた人びとは、経済的、社会的及び文化的権利を含む基本的人権に関し、しかるべき尊重を受ける権利を与えられなければならない。

・中国政府は、国際慣習法上の規範となっているノン・ルフールマンの原則、及び拷問等禁止条約、難民条約の下での義務に従って、いかなる者も朝鮮民主主義人民共和国へ強制送還しないこと。送還されれば、良心の囚人としての投獄、拷問、処刑その他の、許可なく出国した者に科せられる刑罰を含む、深刻な人権侵害を受ける可能性がある。

大韓民国政府は：

・大韓民国での再定住を希望する、中国にいる朝鮮民主主義人民共和国のすべての人びとの権利を擁護するよう努力すること。

政府間機構及び非政府援助機関への勧告

政府、政府間機構、非政府組織に関わらず、すべての援助機関は：

・政策の立案とその実施において人権を主眼に置くこと。
・朝鮮民主主義人民共和国政府に対し、援助の配給において差別を止めるよう要請すること。特に同国の社会的弱者に対し、差別を行わないよう求めること。
・同国政府に対し、より一層の透明性を求め、特に食糧援助の配給において、独立した監視が行われるのを認めるよう、要請すること。
・同国政府に対し、人権を最大限遵守(じゅんしゅ)するよう要請すること。

*131　社会権規約一般的意見第12号を参照（HRI/GEN/1/Rev.4, pp.62-63, paragraph29）。

解説

解説

鐸木昌之
尚美学園大学教授

　本書は、アムネスティ・インターナショナルの報告書『権利の貧困——朝鮮民主主義人民共和国の人権と食糧危機』(Starved of Rights : Human Rights and the Food Crisis in the Democratic People's Republic of Korea (North Korea), AI Index : ASA 24/003/2004) の全訳である。
　日本では、朝鮮民主主義人民共和国（以下「北朝鮮」とする）といえば、拉致問題、核・ミサイル・生物化学兵器の問題などに関心が向きがちである。これらも非常に重大な問題であるが、北朝鮮に住んでいる人々には関心が向けられることはあまり多くはない。とくに北朝鮮の人々の人権となるとさらにその傾向は強い。
　その理由として、北朝鮮の内部の情報が限定されてわからないことが指摘されるかもしれない。それ以上に、隣国の人権問題、とくに北朝鮮や中華人民共和国のそれとなると、知識人やマスコミは控えめな態度をとる傾向がある。それは、日本との間の歴史的問題や冷戦意識を引きずった「社会主義」に対するある種の願望が依然残っているからなのかもしれない。1970年代に韓国の人権問題、実際には金大中氏（後の大統領）の拉致監禁問題に多くの知識人やマスコミがあれだけ関心を持ち、運動したことと比較すれば、北朝鮮の人権

解説

問題に対する関心は異常に低いといえるであろう。むしろ北朝鮮の人権状況は、1994年以降の飢饉と食糧危機で深刻化したとはいえ、1970年代と基本的に変わりがないといってもいいほどなのにである。

　北朝鮮の人権状況に対する調査は、この報告書が最初に指摘しているように、北朝鮮内部で直接調査ができないために多くの困難を伴っている。たとえば、1995年以来の飢饉と食糧危機の結果、どれくらいの人が死んだのかに関しても、報告により、その数は22万名から350万名までの開きがあるのである。いわゆる「脱北者」で死亡した者や行方不明者までもいれると、北朝鮮政府自体もその正確な数はつかんでいない可能性もある。
　人権状況に関する情報を実証することは困難であるが、脱北者・亡命者の数の増加により1990年代の一時よりは裏付けることがはるかに容易になってきてはいる。また2000年以降、多くの内部資料が持ち出されるようになってきた。この報告書も多くの証言によって成り立っているが、それらは他の証言や資料によっても裏付けられるのである。

　国連世界食糧計画（WFP）による飢饉と食糧危機の定義にしたがえば、1994年末から咸鏡北道（ハムギョン）では飢饉が始まっていたという。事実、筆者が中国に滞在していた1994年には、すでに親戚訪問という形で中国の東北3省に北朝鮮を出たまま帰らない人々が存在していた。しかしその当時は筆者にも飢饉という認識は遺憾ながらなかった。それ以前から恒常的な栄養不足状態であったという情報からすれば、

北朝鮮の北東部と山岳地帯は、食糧危機であったのは間違いない。
　この食糧危機と飢饉の理由は、この報告書で指摘しているように、経済システムの制約、旧ソ連との経済関係が崩壊したこと、そして自然災害である。これらは、北朝鮮の体制自体の問題であった。社会主義集団農場化の結果、農民のやる気をそいだこと、主体農法といわれる農業政策の失敗とそれに対する批判が許されなかったこと、官僚主義と統計の嘘の恒常化などこれらは、首領の一元支配のもたらしたものであった。この上に1995年からの自然災害やソ連との断絶が重なったのである。
　配給システムは、この体制を維持する中核であった。「無償」で与えられる食糧、衣服、住居、教育、そして医療などは、首領の「愛と恩恵」であった。それに人民は、首領に対する忠誠と孝行で応える交換関係が成立するシステムであった。金日成時代の全盛期には、全人口の3分の2程度に配給が保障された。首領に近い恵まれた人には、労働者大人1人あたり1日につき700グラム程度の食料が供給されていた。
　しかし、配給の量と質は、出身成分と社会的地位によって格差が存在した。首領の規定した「革命」に対する態度と過去によって、核心、動揺、敵対階層に区分され、首領を中心にした同心円状のピラミッドが社会構造をなした。首領に近づけば近づくほど配給の量と質が向上し、逆に首領からの距離が遠ければ遠いほど、低下したのである。しかも一度決められた成分から抜け出すことはほとんど不可能であった。したがって個々人の社会的存在は、固定され、世襲化されたものとなった。配給システムは、生存だけでなく、社会的存在も左右したのである。このシステムに依存せずに生きることができ

解説

る人はほとんどいなかった。

1994年以降、そこに飢饉が襲ったのであった。配給システムの瓦解は、これに依存する人々にとって深刻な問題になった。とくに社会的地位の低い人々（成分の悪い人）、山岳地帯や地方都市に住む人々、老人、乳幼児と子ども、妊娠した女性、母親など弱者が、飢餓やそれに伴う病気によって倒れていった。親の死亡、離婚、食糧を探しに行った親の逃亡、子どもの置き去りが数多く見られ、困窮する階層では家族が事実上崩壊した。首領から距離の遠い人々ほど被害は甚大であった。飢饉と食糧危機は不平等の拡大をもたらした。

報告書の警告通り、乳幼児の死亡率の増加、病気への罹患、栄養失調による成長の阻害などは1997年から98年よりは良くなったものの、現在も続いている。その影響は、今後数世代にわたって人口ピラミッドにでてくるであろう。

報告書において重大な問題として指摘されている移動の自由の制限は、配給システムと一体化されたものである。すべての人民は、決められた「単位」のなかで生活することが運命づけられている。雇用も、居住も、結婚も、教育も、イデオロギーの再生産も個々人が所属する「単位」のなかで充足された。配給システムもこの「単位」を統制する手段となっている。各「単位」には、行政組織と朝鮮労働党組織が置かれ、党が実質的に管理統制するのである。移動のためには、居住「単位」から移動先の「単位」に党・行政組織を通じて紹介が出され、移動先「単位」で提供される食糧も配給キップ（糧食券）と交換される。人々が移動するときは上部組織の許可なしに、食糧の獲得が困難なのである。

89

1994年以前は、この「単位」の中で人々は一生を終えていった。情報は党組織によって完全に管理され、「単位」のなかで定期的に繰り返される学習と自己批判によって、表現、結社、信仰の自由の抑制どころではなく、首領の思想以外には考えられない状態を作り出すのである。筆者はこれを「単位制」社会と呼んだ。この「単位制」社会と成分こそが北朝鮮社会の基層をなしている。

　食糧危機と飢饉は、この基層社会に深刻な打撃を与えた。食糧が配給されないために、人々は命がけで食糧を求めて移動せざるを得なくなった。党員や党細胞書記までが食糧を求めて、許可なく移動しはじめた。また食糧の盗難、強奪、横取り、横流しが横行した。さらに監視機関のお目こぼしのための賄賂も今まで以上にはびこった。

　1997年と1998年では軍のなかでも一部部隊で兵士に食糧が渡らず、兵士達が農場を襲って家畜や食糧を強奪する事件が相次いだ。さらに国境地帯の人々は、中国に逃げ出した。飢饉と食糧危機の結果、「単位制」社会と末端党組織が解体しはじめ、治安も極端に悪化したのである。

　この状態を押さえるには、今までの党組織や権威やイデオロギーに依存できず、むき出しの暴力しかなかった。1996年から1998年にかけて公開処刑が各地で行われたのはその結果であった。党組織に頼ることができないために、金正日は、軍を最重視する「先軍政治」を掲げた。「先軍政治」の内実は、むき出しの暴力そのものであったのである。金正日や彼を支える指導層にとって、人民の生命や権利よりも体制の護持こそが最大の目的であった。

　飢饉と食糧危機は、社会主義経済の崩壊をもたらした。工場の稼

解説

働率は10％以下に落ち、物資の流通は止まった。その結果、皮肉にも今まで権力のお目こぼしによって細々と続いていた農民市場が「活気」を呈し、「市場」が都市にまで発生した。この「市場」が配給システムでまかなえない食糧の供給を代替し始めた。ドルや円や元などの外貨を持つ一部の人々は、「市場」でほとんどの物資を買えるようになっている。他方、地方都市や山岳部に住む人々、海外に親戚がおらず、外貨の援助のない人々は十分な食糧を得られない状況に追い込まれた。

　また「市場原理」に任せるために食糧の価格は高騰を示した。2002年7月の「改革」は労働者の給与の上昇と配給の一部中止を内容とした。一部の専門家の間で北朝鮮で「改革」が実施され、北朝鮮の「変化」の証拠とされたが、実態としては「改革」というより、1994年以降、飢饉と食糧危機のなかで起こった社会主義経済の崩壊と「市場」の発生を国家が追認したものにほかならなかった。報告書の指摘の通り、実際には給与の上昇は一部のみであり、「市場」において激しいインフレーションが起こった結果、配給システムに依存していた人々は、食糧や生活必需品の獲得が困難になった。社会的不平等がいっそう拡大したといえるであろう。

　食糧不足を解消する手段を持たない北朝鮮は、当然ながら外部の援助に頼らざるを得ないが、援助された食糧が実際に人々に届いているかどうかの各援助機関による監視活動に関して、北朝鮮政府が制限を設けていることは周知の通りである。報告書でも懸念するように、監視活動に対する制限は、支援者の信頼を損ない、資金の募集に大きな阻害要因となることはいうまでもない。しかし、立ち入りを許されない地域が依然として存在すること、援助受給機関の包

括的リストを政府が提供しないこと、聞き取り調査の対象者を自由に選べないこと、一部を除いて「市場」への立ち入りが許可されないことがあるために、援助物資の横取りや「市場」に横流しして一部の人々が儲けることが行われているのではないか、援助物資が軍の部隊や軍需工場や軍の備蓄に回されているのではないかという懸念を依然として完全に払拭できないのである。

「単位制」と党組織の崩壊の結果、基層社会におけるイデオロギーの再生産ができなくなったが、情報の統制管理は依然続いている。報告書が警告しているように、その結果、信頼できる情報が不足し、飢饉や食糧不足の解決に大きな障害になっている。しかし北朝鮮政府は、この情報統制を手放すことはない。暴力と情報統制は、この体制を維持するための数少ない、有力な手段であるからである。したがって、現体制が続く限り、報告書が懸念するように、北朝鮮政府による公開処刑・拷問・死刑などの組織的人権侵害は続くであろう。

最後に、北朝鮮の人々に対する人権侵害としては、北朝鮮内のそれだけでなく、中華人民共和国政府によるものもある。

一つは、報告書の指摘通り、中国内に滞在している北朝鮮の人々が搾取や差別を受け、人権侵害に直面していることである。中国の農村地域では「ひとりっ子」政策の結果、「結婚適齢期」の女性が不足している。また都会から農村に行く女性はほとんどいない。このような農村に北朝鮮から若い女性たちが「仲介業者」を通じて「結婚」を目的に連れて来られた問題が表面化したことがあった。あるいは、中国の工場で非常に低い労賃で働いている「脱北者」たちの存在も明らかにされている。

解説

　もう一つは、中国政府に逮捕された北朝鮮の人々が強制送還後に処刑や処罰を受けたり、強制労働に従事させられることである。中国政府と北朝鮮政府の間には、逃亡者を引き渡す合意があることが確認されているが、その具体的内容に関してはわからない。しかし食糧や現金を得るために中朝国境を越えた人々が中国政府に捕まったとき、北朝鮮政府に引き渡されるまで収容される施設が国境地帯に複数存在している。

　北朝鮮における「権利の貧困」は、体制そのものに起因している。北朝鮮の体制の矛盾と問題が集中的に現れたのがこの報告書で指摘、警告されている、人権侵害に関する多くの事例である。その最終的解決には、体制の変革以外に方法はないであろう。

＊すずき・まさゆき
東アジア政治論専攻。
主著に『北朝鮮――社会主義と伝統の共鳴（東アジアの国家と社会3）』（1992年、東京大学出版会）、『資料北朝鮮研究（1）政治・思想』（責任編集、1998年、慶應義塾大学出版会）がある。

Starved of Rights: Human Rights and the Food
Crisis in the Democratic People's Republic of Korea
(North Korea)
AI Index: ASA 24/003/2004

by
Amnesty International
Copyright © Amnesty International Publications
2004

社団法人アムネスティ・インターナショナル日本

東京事務所：〒101-0048 東京都千代田区神田司町2-7 小笠原ビル7F
　　　　　　Tel.03-3518-6777　Fax.03-3518-6778
大阪事務所：〒552-0021 大阪府大阪市港区築港2-8-24 piaNPO 509
　　　　　　Tel.06-4395-1313　Fax.06-4395-1314
　　　E-mail：info@amnesty.or.jp
　　　　Web：www.amnesty.or.jp

権利の貧困
朝鮮民主主義人民共和国の
人権と食糧危機

2004年12月15日　第1版第1刷発行

著　者　アムネスティ・インターナショナル
訳　者　アムネスティ・インターナショナル日本
発行人　成澤壽信
編集人　北井大輔
発行所　株式会社**現代人文社**
　　　　〒160-0016　東京都新宿区信濃町20 佐藤ビル201
　　　　Tel：03-5379-0307　Fax：03-5379-5388
　　　　E-mail：daihyo@genjin.jp（代表）　hanbai@genjin.jp（販売）
　　　　Web：www.genjin.jp
発売所　株式会社**大学図書**
印刷所　**モリモト印刷**株式会社
装　丁　**河村 誠**（Push-up）

検印省略　Printed in Japan
ISBN 4-87798-228-0 C0036

© Amnesty International Japan 2004

◎本書の一部あるいは全部を無断で複写・転載・転訳載などをすること、または磁気媒体等に入力することは、法律で認められた場合を除き、著作者および出版者の権利の侵害となりますので、これらの行為をする場合には、あらかじめ小社または著者に承諾を求めて下さい。
◎乱丁本・落丁本はお取り換えいたします。

〜〜 アムネスティ・インターナショナルの書籍 〜〜
いずれも、現代人文社・刊

入門国際刑事裁判所　紛争下の暴力をどう裁くのか

アムネスティ・インターナショナル日本国際人権法チーム編　＊1200円(本体)+税

いよいよ活動を始めた国際刑事裁判所。同裁判所規程に至る経緯と解説をコンパクトにまとめた初の入門書。戦争犯罪をどう裁くのかを考えるはじめの一歩として必読の書。

＊アムネスティ・ジェンダーレポート１
傷ついた身体、砕かれた心　女性に対する暴力と虐待

アムネスティ・インターナショナル編
アムネスティ・インターナショナル日本ジェンダーチーム訳　＊900円(本体)+税

どの国でも女性であるだけでなぜこんなに傷つけられるのか？　家庭内等の私的領域や武力紛争下で起こる性暴力・性的虐待など、これまで隠されていた人権侵害である女性への暴力・虐待の実態を報告し、厳しく各国政府の責任を問う。

＊アムネスティ・ジェンダーレポート２
セクシュアリティの多様性を踏みにじる暴力と虐待
差別と沈黙のはざまで

アムネスティ・インターナショナル編
アムネスティ・インターナショナル日本ジェンダーチーム訳　＊1000円(本体)+税

レズビアン、ゲイ、バイセクシュアル、トランスジェンダー。彼女ら／彼らへの暴力の数々、それを放置してきた社会……。アムネスティが各国の実情を報告し、解決策を提言する。

癒されぬ傷跡　拷問はいま……

アムネスティ・インターナショナル著
アムネスティ・インターナショナル日本訳　＊1700円(本体)+税

この本に描かれていることは今も世界のどこかで起こっている。アムネスティ・インターナショナルによる世界の拷問・虐待に関する報告書。国情を問わず150ヵ国以上で今なお続いている拷問の実態を60枚以上に及ぶ写真とともに報告。

アムネスティ・レポート『世界の人権』各年度版
好評発売中